もくじと学習の記ろく

JN026671

本書に関する最新情報は，当社ホームページにある**本書の「サポート情報」**をご覧ください。(開設していない場合もございます。)

2年のふく習 ①

⏰時間 20分　✏とく点
👍合かく 80点　　　　点

1 あすかさんとだいすけさんが, まと当てゲームをしました。下の図は, そのけっかです。(30点/1つ10点)

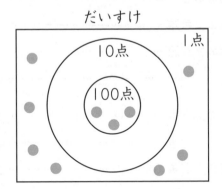

(1) あすかさんのとく点は何点ですか。

〔　　　　　　　　　〕

(2) だいすけさんのとく点は何点ですか。

〔　　　　　　　　　〕

(3) とく点の多いほうを, 勝ちとします。勝ったのは, どちらですか。

〔　　　　　　　　　〕

2 みかんの数をもとめます。絵と式を正しく線でむすびなさい。(20点)

・　　　　　・3×2

・　　　　　・2×3

・　　　　　・2+1+3

3 めぐみさんの学校の3年生は，男子が68人，女子が72人です。3年生は，みんなで何人ですか。(10点)

(式)

答え [   ]

4 色紙が105まいあります。36まい使うと，のこりは何まいになりますか。(10点)

(式)

答え [   ]

5 1箱6こ入りのケーキが4箱あります。ケーキは全部で何こありますか。(10点)

(式)

答え [   ]

6 あめを1人に8こずつ9人の子どもに配ります。あめは何こいりますか。(10点)

(式)

答え [   ]

7 1まい5円のおり紙を8まいと，1まい9円の画用紙を7まい買います。代金は何円になりますか。(10点)

(式)

答え [   ]

2年のふく習②

1 長さ18cmの赤いテープと，長さ26cmの白いテープを，重ねずに
つなぐと，全体の長さは何cmになりますか。(10点)

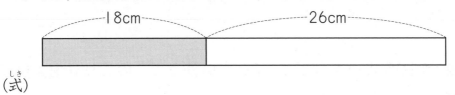

├─18cm─┤　├────26cm────┤

(式)

答え〔　　　　　　〕

2 しんごさんの両手を広げた長さは1m20cmです。妹の両手を広げ
た長さは95cmです。長さのちがいは何cmですか。(10点)
(式)

答え〔　　　　　　〕

3 1L入るバケツがあります。このバケツに700mLの水を入れまし
た。あと何mL入れることができますか。(10点)
(式)

答え〔　　　　　　〕

4 やかんに，2dLずつ6回水を入れました。全部で
何L何dL入れたことになりますか。(10点)
(式)

答え〔　　　　　　〕

5 家から学校まで 30 分かかります。午前 8 時 40 分に学校に着くには，午前何時何分に家を出なければなりませんか。(10点)

〔　　　　　　　　〕

6 公園に午前 11 時に着いて，午後 2 時に公園を出ました。公園にいた時間は何時間ですか。(15点)

〔　　　　　　　　〕

7 1 つの辺の長さが 8 cm の正方形があります。この正方形のまわりの長さは何 cm ですか。(15点)

（式）

答え〔　　　　　　　　〕

8 ひごとねん土玉を使って，右のように面が長方形の箱の形をつくっていきます。ねん土玉は何こいりますか。また，何 cm のひごが何本いりますか。(20点)

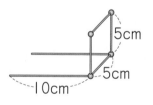

ねん土玉〔　　　〕こ

ひご〔　　　　　　　〕のひごが〔　　　〕本

〔　　　　　　　〕のひごが〔　　　〕本

5

大きい数のしくみ

学習の
ねらい
- ☑ 一億までの数のしくみを知ります。
- ☑ 10倍，100倍，1000倍した数，10でわった数を計算できるようにします。
- ☑ 大きな数のたし算，ひき算の文章題をとけるようにします。

ステップ1

1 42000という数について考えます。□にあてはまる数を書きなさい。

(1) 40000と □ をあわせた数です。

(2) 50000より □ 小さい数です。

(3) 1000を □ こ集めた数です。

(4) 10倍すると □ になります。

(5) 10でわると □ になります。

2 ⑦，④，⑦にあたる数を書きなさい。

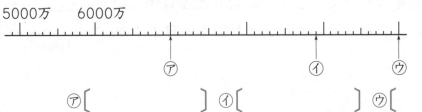

5000万　6000万

⑦ [　　　　　] ④ [　　　　　] ⑦ [　　　　　]

3 □にあてはまる＞，＜を書きなさい。

(1) 569000 □ 652000　　(2) 10000000 □ 1000000

4 1本75円のえん筆を100本買います。代金は何円ですか。
(式)

答え〔   〕

5 1本180円の花を1000本買います。代金は何円ですか。
(式)

答え〔   〕

6 ゆいさんは2万円ちょ金していて，ゆいさんのお姉さんはゆいさんより4万円多くちょ金しています。ゆいさんのお姉さんは何円ちょ金していますか。
(式)

答え〔   〕

7 ある市に住んでいる人のうち，男の人は15万人，女の人は17万人です。
(1) あわせると何万人ですか。
(式)

答え〔   〕

(2) 男の人と女の人の人数のちがいは何万人ですか。
(式)

答え〔   〕

ステップ2

⏱ 時 間 25分　　✏とく点
👍合かく80点　　　　点

1 0から9までの数字カードが1まいずつあります。これらのカードを
ならべて, 数をいろいろつくります。次の数を書きなさい。(20点/1つ5点)

[0] [1] [2] [3] [4] [5] [6] [7] [8] [9]

(1) 四千三百五万八千九百十七

〔　　　　　　　　　　〕

(2) できる8けたの数の中で, いちばん大きい数

〔　　　　　　　　　　〕

(3) できる8けたの数の中で, いちばん小さい数

〔　　　　　　　　　　〕

(4) 70万より小さい数の中で, 70万にいちばん近い数

〔　　　　　　　　　　〕

2 下の数直線について, 答えなさい。(20点/1つ10点)

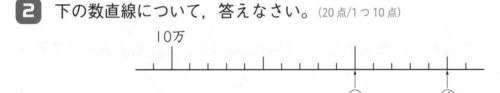

(1) ⑦の目もりが20万を表すとき, いちばん小さい1目もりはいくつを
表しますか。また, ⑦の目もりはいくつを表しますか。

いちばん小さい1目もり〔　　　　　　〕 ⑦〔　　　　　　〕

(2) ⑦の目もりが11万を表すとき, いちばん小さい1目もりはいくつを
表しますか。また, ⑦の目もりはいくつを表しますか。

いちばん小さい1目もり〔　　　　　　〕 ⑦〔　　　　　　〕

3 旅行のひ用は1人分が20600円だそうです。10人分を集めると, 全部で何円になりますか。(10点)

(式)

答え〔　　　　　　　〕

4 ちょ金箱に500円玉が100まい入っています。全部で何円ありますか。(10点)

(式)

答え〔　　　　　　　〕

5 クリップが1000こ入った箱が15箱あります。クリップは全部で何こありますか。(10点)

〔　　　　　　　〕

6 一万円さつが8000まいあります。あと何円で一億円になりますか。(15点)

〔　　　　　　　〕

7 25000円持っています。16000円のカメラと8000円のラジオを買うことができますか。(15点)

〔　　　　　　　〕

2 たし算の文章題

 ✓ 3けたの数や4けたの数のたし算ができるようにします。
✓ 3けたの数や4けたの数のたし算を使う文章題をとけるようにします。

ステップ1

1 215円と324円をあわせると，何円になりますか。
(式)

```
    2  1  5
+   3  2  4
  [  ][  ][  ]
```

答え［　　　　　　　］

2 356円と578円をあわせると，何円になりますか。
(式)

```
    3  5  6
+   5  7  8
  [  ][  ][  ]
```

答え［　　　　　　　］

3 908円と95円をあわせると，何円になりますか。
(式)

```
    9  0  8
+      9  5
[  ][  ][  ][  ]
```

答え［　　　　　　　］

4 1564円と2636円をあわせると，何円になりますか。
(式)

```
    1  5  6  4
+   2  6  3  6
  [  ][  ][  ][  ]
```

答え［　　　　　　　］

5 360円のケーキと250円のジュース
を買うと，代金は何円になりますか。

(式)

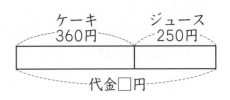

答え [   ]

6 色紙を991まい持っています。9
まいふえると，何まいになりますか。

(式)

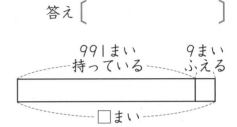

答え [   ]

7 西小学校のじどうは926人です。
東小学校のじどうは，西小学校よ
り99人多いそうです。東小学校
のじどうは何人ですか。

(式)

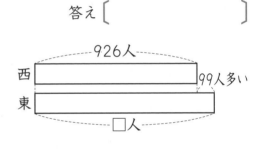

答え [   ]

8 はるとさんは，何円か持って買い物
に行きました。728円使うと，の
こりが272円になりました。はる
とさんは，はじめ何円持っていまし
たか。

(式)

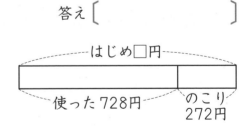

答え [   ]

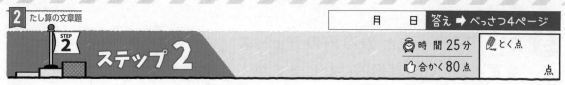

⏰時　間 25分
👍合かく 80点
✎とく点
　　　　　点

1 あつしさんが 270 円, お兄さんが 390 円持っています。あわせて何円ありますか。(10点)

(式)

答え［　　　　　　　　］

2 男の子が 185 人, 女の子が 179 人います。あわせて何人いますか。
(10点)

(式)

答え［　　　　　　　　］

3 208 円のノートと 598 円の筆箱を買います。代金は何円ですか。
(10点)

(式)

答え［　　　　　　　　］

4 赤い画用紙が 64 まい, 白い画用紙が 236 まいあります。あわせて何まいありますか。(10点)

(式)

答え［　　　　　　　　］

5 5980 円の服と 1800 円のかばんを買います。代金は何円ですか。
(10点)

(式)

答え［　　　　　　　　］

6 ちょ金箱に 756 円入っています。ここに 250 円入れると，ちょ金箱の中のお金は何円になりますか。(10点)

（式）

答え〔　　　　　　〕

7 ある遊園地に，きのうは 1659 人来ました。今日は，きのうより 358 人多かったそうです。今日は何人来ましたか。(10点)

（式）

答え〔　　　　　　〕

8 チョコレートケーキのねだんは 380 円です。チョコレートケーキは，ロールケーキより 820 円安いそうです。ロールケーキのねだんは何円ですか。(10点)

（式）

答え〔　　　　　　〕

9 1 さつの本を読んでいます。これまでに 83 ページ読みました。あと 157 ページのこっています。この本は全部で何ページありますか。

(10点)

（式）

答え〔　　　　　　〕

10 運動会に 658 人がさんかしました。1 人に 1 本ずつえん筆を配ると，えん筆は 62 本あまりました。えん筆を何本用意していましたか。

(10点)

（式）

答え〔　　　　　　〕

3 ひき算の文章題

学習の
ねらい
☑ 3けたの数や4けたの数のひき算ができるようにします。
☑ 3けたの数や4けたの数のひき算を使う文章題をとけるようにします。

ステップ1

1 367円あります。153円使うと，のこりは何
円になりますか。
（式）

```
    3 6 7
  − 1 5 3
  □ □ □
```

答え［　　　　　　　　］

2 825円あります。576円使うと，のこりは何
円になりますか。
（式）

```
    8 2 5
  − 5 7 6
  □ □ □
```

答え［　　　　　　　　］

3 604円あります。439円使うと，のこりは何
円になりますか。
（式）

```
    6 0 4
  − 4 3 9
  □ □ □
```

答え［　　　　　　　　］

4 5000円あります。3852円使うと，のこ
りは何円になりますか。
（式）

```
    5 0 0 0
  − 3 8 5 2
  □ □ □ □
```

答え［　　　　　　　　］

5 みきさんの学校のじどうは 360 人です。そのうち男の子は 190 人です。女の子は何人ですか。

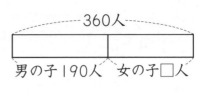

（式）

答え〔　　　　　　　〕

6 赤い色紙が 455 まい，青い色紙が 369 まいあります。赤い色紙は青い色紙より何まい多いですか。

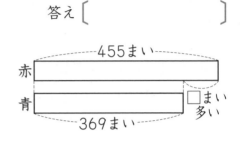

（式）

答え〔　　　　　　　〕

7 プリンのねだんは 200 円です。ゼリーのねだんは，プリンより 42 円安いそうです。ゼリーのねだんは何円ですか。

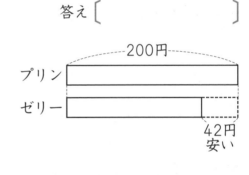

（式）

答え〔　　　　　　　〕

8 本を買うのに，1500 円を出すと，おつりが 425 円でした。本のねだんは何円でしたか。

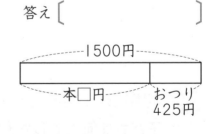

（式）

答え〔　　　　　　　〕

時　間 25分
合かく80点
とく点

点

1 はがきが 450 まいありました。180 まい使うと，のこりは何まいになりますか。(10点)

(式)

答え [　　　　　　　]

2 340 ページある本を読んでいます。これまでに 165 ページ読みました。何ページのこっていますか。(10点)

(式)

答え [　　　　　　　]

3 500 円持っています。428 円のケーキを買うと，のこりは何円になりますか。(10点)

(式)

答え [　　　　　　　]

4 シールを 205 まい持っています。妹に 8 まいあげると，のこりは何まいになりますか。(10点)

(式)

答え [　　　　　　　]

5 遊園地に 1528 人が来ました。そのうち，おとなは 859 人でした。子どもは何人でしたか。(10点)

(式)

答え [　　　　　　　]

6 運動会で，赤組は 295 点，白組は 400 点でした。とく点のちがいは
何点ですか。(10点)

（式）

答え [   ]

7 水族館にきのう来た人は 502 人でした。今日来た人は，きのうより
46 人少ないそうです。今日来た人は何人ですか。(10点)

（式）

答え [   ]

8 お兄さんは，たろうさんより 250 円多く，1200 円持っています。
たろうさんは何円持っていますか。(10点)

（式）

答え [   ]

9 おりづるをつくっています。あと 110 羽で 1000 羽になります。こ
れまでにつくった数は，何羽ですか。(10点)

（式）

答え [   ]

10 2200 円のロールケーキが，セールで何円か安くなっていたので，
1980 円で買うことができました。何円安くなりましたか。(10点)

（式）

答え [   ]

1 右の表は，ある図書館の入館者数を表しています。

(20点/1つ10点)

金曜日	土曜日
98人	207人

(1) 2日間の入館者数をあわせると，何人になりますか。

(式)

答え [　　　　　　　　　]

(2) ちがいは何人ですか。

(式)

答え [　　　　　　　　　]

2 75円のえん筆と528円の筆箱を買います。1000円を出すと，おつりは何円になりますか。(10点)

(式)

答え [　　　　　　　　　]

3 ある町に住んでいる人は，4899人です。あと何人で5000人になりますか。(10点)

(式)

答え [　　　　　　　　　]

4 水がペットボトルに840mL入っています。ペットボトルにはあと660mL入ります。ペットボトルには全部で何mL入れることができますか。(10点)

(式)

答え [　　　　　　　　　]

5 東町には 35 万人，西町には 26 万人住んでいます。どちらの町が何人多いですか。(10点)

(式)

答え [   ]

6 日本の 15 才から 64 才までの人口は 7500 万人でした。あと何人で一億人になりますか。(10点)

(式)

答え [   ]

7 一万円さつが 70 まいと，千円さつが 23 まいで何円になりますか。

(10点)

[   ]

8 0 から 9 までの数字のカードが 1 まいずつあります。まさしさんとみゆきさんは，このカードを使っていろいろな数をつくっています。

(20点/1つ5点)

まさしさん：5 万にいちばん近い数をつくってみよう。

みゆきさん：5 万より小さくて，いちばん近い数は ⑦ ね。

まさしさん：5 万より大きくて，いちばん近い数は ⑦ だね。

みゆきさん：どちらのほうが 5 万に近いかな。

まさしさん： ⑦ だね。

みゆきさん：どうしてわかったの。

まさしさん： [⑦]

(1) 上の⑦⑦にあてはまる数を書きましょう。

⑦ [   ] ⑦ [   ]

(2) 上の⑦にあてはまるのは⑦と⑦のどちらの数ですか。記号で答えなさい。

[   ]

(3) 上の⑦にあてはまる文を，式やその答えを使って書きましょう。

[

]

4 かけ算の文章題 ①

学習の
ねらい

☑ 10や0のかけ算を使った文章題がとけるようにします。
☑ 1けたの数をかけるかけ算を使った文章題がとけるようにします。
☑ かけ算のきまりを知り，いろいろな考え方ができるようにします。

ステップ 1

1 1こ10円のあめを8こ買います。代金は何円になりますか。

(式)

答え [　　　　　　　]

2 1まい6円の色紙を買います。

6円

(1) 10まい買うと，代金は何円になりますか。

(式)

答え [　　　　　　　]

(2) 1まいも買わないと，代金は何円になりますか。

(式)

答え [　　　　　　　]

3 1まい30円の画用紙を5まい買います。代金は何円になりますか。

(式)

答え [　　　　　　　]

4 1こ200円のパンを4こ買います。代金は何円になりますか。

(式)

答え [　　　　　　　]

5 １箱 12 こ入りのケーキが 6 箱あります。ケーキは全部で何こありますか。

(式)

答え〔　　　　　　　〕

6 １箱 24 本入りのかんジュースが 5 箱あります。かんジュースは何本ありますか。

(式)

答え〔　　　　　　　〕

7 １さつ 148 円のノートを 4 さつ買います。代金は何円になりますか。

(式)

答え〔　　　　　　　〕

8 １こ 65 円のクッキーが，１箱に 4 こずつ入っています。2 箱買うときの代金を，2 通りの考え方でもとめます。□にあてはまる数を書きなさい。

(1) １箱のねだんを先にもとめる。

(式) (□×□)×□=□

答え〔　　　　　　　〕

(2) クッキーの数を先にもとめる。

(式) □×(□×□)=□

答え〔　　　　　　　〕

4 かけ算の文章題 ①

月　日　答え ➡ べっさつ7ページ

STEP 2 ステップ2

⏰ 時 間 25分
👍 合かく80点
✏ とく点
　　　点

1 20人ずつのグループが3つあります。みんなで何人いますか。(10点)

(式)

答え [　　　　　　　　]

2 いすが，一列に10きゃくずつ，10列ならんでいます。いすは全部で何きゃくありますか。(10点)

(式)

答え [　　　　　　　　]

3 500円玉が6まいあります。全部で何円ありますか。(10点)

(式)

答え [　　　　　　　　]

4 1mが95円のリボンを8m買います。代金は何円になりますか。

(10点)

(式)

答え [　　　　　　　　]

5 1つの辺の長さが15cmの正方形のまわりの長さは何cmですか。(10点)

(式)

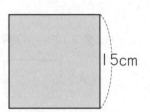

15cm

答え [　　　　　　　　]

6 350 mL 入りのかんジュースが 3 本あります。ジュースは全部で何 mL ありますか。(10点)

（式）

答え [   ]

7 やかんの水を，180 mL ずつコップにうつすと，ちょうど 6 ぱい分になりました。やかんの水のかさは何 L 何 mL でしたか。(10点)

（式）

答え [   ]

8 赤いリボンの長さは 90 cm です。青いリボンの長さは，赤いリボンの長さの 3 倍です。青いリボンの長さは何 m 何 cm ですか。(10点)

（式）

答え [   ]

9 1 こ 98 円のりんごが，1 ふくろに 5 こずつ入っています。2 ふくろ買うと，代金は何円になりますか。(10点)

（式）

答え [   ]

10 408×5=2040 という式があります。この式にあう問題文をつくりなさい。(10点)

[   ]

5 かけ算の文章題 ②

学習の
ねらい

✅ 2けたの数や3けたの数のかけ算ができるようにします。
✅ 2けたの数や3けたの数のかけ算を使う文章題がとけるようにします。
✅ 3つの数のかけ算の場面を，いろいろな見方で考えられるようにします。

ステップ1

1 1まい7円の色紙を20まい買います。代金は何円ですか。
(式)

7円

　　　　　　　　　　　　　　答え [　　　　　　　]

2 1こ200円のプリンを30こ買います。代金は何円ですか。
(式)

　　　　　　　　　　　　　　答え [　　　　　　　]

3 1こ23円のあめを18こ買います。代金は何円ですか。
(式)

　　　　　　　　　　　　　　答え [　　　　　　　]

4 1人385円ずつ集めます。42人から集めると，何円集まりますか。
(式)

　　　　　　　　　　　　　　答え [　　　　　　　]

5 1本98円の花 12本でできた花たばを，5たば買うときの代金を，2通りの考え方でもとめます。□にあてはまる数を書きなさい。

(1) 1たば分のねだんを先にもとめる。

(式) (□ × □) × □ = □ × □ = □

1たば分のねだん　たばの数

答え [　　　　　　]

(2) 花の数を先にもとめる。

(式) □ × (□ × □) = □ × □ = □

1本のねだん　花の数

答え [　　　　　　]

6 赤いリボンの長さは 6 m です。青いリボンは赤の 4 倍，白いリボンは青の 5 倍の長さです。白いリボンの長さを，2 通りの考え方でもとめます。□にあてはまる数を書きなさい。

(1) 青いリボンの長さをもとめてから白いリボンの長さをもとめる。

青いリボンの長さは，□ × □ = □

白いリボンの長さは，□ × □ = □

答え [　　　　　　]

(2) 白いリボンが，赤いリボンの何倍の長さかを考える。

赤 ─4倍→ 青 ─5倍→ 白

□ 倍

白いリボンの長さは，□ × □ = □

答え [　　　　　　]

ステップ2

月　日　答え ➡ べっさつ8ページ

⏱時 間 25分　　✏とく点

👍合かく 80点　　　　　点

1 ｜まい9円の画用紙を 30 まい買います。代金は何円ですか。(10点)

(式)

答え [　　　　　　　]

2 長いす｜きゃくに5人ずつすわります。40 きゃくでは，何人がすわることができますか。(10点)

(式)

答え [　　　　　　　]

3 えん筆が 12 本入った箱が，28 箱あります。えん筆は全部で何本ありますか。(10点)

(式)

答え [　　　　　　　]

4 色紙を｜人に 25 まいずつ 42 人に配ります。色紙は全部で何まいいりますか。(10点)

(式)

答え [　　　　　　　]

5 ｜しゅうが 180 m の池のまわりを 12 しゅう走ると，全部で何m走ることになりますか。(10点)

(式)

答え [　　　　　　　]

6 1 m が 306 円のリボンを，25 m 買います。代金は何円になりますか。(10点)

(式)

答え [   ]

7 ジュースを 150 mL ずつコップに入れると，ちょうど 16 ぱい分入れることができました。はじめにジュースは何 mL ありましたか。(10点)

(式)

答え [   ]

8 1 こ 58 円のみかんを 34 こ買います。2000 円を出すと，おつりは何円になりますか。(10点)

(式)

答え [   ]

9 1 まい 8 円の色紙を 1 人に 4 まいずつ 25 人に配ります。色紙の代金は全部で何円になりますか。(10点)

(式)

答え [   ]

10 弟はシールを 23 まい持っています。ゆうとさんは弟の 6 倍，お兄さんはゆうとさんの 5 倍の数のシールを持っています。お兄さんは，シールを何まい持っていますか。(10点)

(式)

答え [   ]

6 わり算の文章題 ①

 学習の
ねらい

◎ わり算を使った文章題がとけるようにします。

◎ あまりのあるわり算を使った文章題をとけるようにします。

ステップ1

1 りんごが 15 こあります。

(1) 5人で同じ数ずつ分けます。1人分は何こ
になりますか。
(式)

　　　　　　　答え [　　　　　　　　　]

(2) 1人に5こずつ分けると，何人に分けられますか。
(式)

　　　　　　　　　　　　　答え [　　　　　　　]

(3) 1人に6こずつ分けると，何人に分けられて，何こあまりますか。
(式)

　　　　　答え [　　　　　　　　　　　　　　]

2 8このみかんがあります。

(1) 8人で同じ数ずつ分けると，1人分は何こです
か。
(式)

　　　　　　　　　　　答え [　　　　　　　]

(2) 1人に1こずつ配ると，何人に配れますか。
(式)

　　　　　　　　　　　答え [　　　　　　　]

3 24 まいの色紙を 6 人で同じ数ずつ分けます。1 人分は何まいになりますか。

(式)

答え [   ]

4 42 このおはじきを，1 人に 7 こずつ分けると，何人に分けられますか。

(式)

答え [   ]

5 37 このいちごを，5 人で同じ数ずつ分けます。1 人分は何こになって，何こあまりますか。

(式)

答え [   ]

6 ある数を 4 でわると，答えが 8 で，あまりが 1 になりました。ある数はいくつですか。

(式)

答え [   ]

7 赤い花が 27 本，白い花が 9 本さいています。赤い花の数は，白い花の数の何倍ですか。

(式)

答え [   ]

6 わり算の文章題 ①

月　日　答え ➡ べっさつ9ページ

ステップ**2**

⏰ 時　間 25分　✏ とく点
👍 合かく80点　　　　点

1 28 L の水を，4つのバケツに同じかさずつ分けます。バケツ1つ分の水のかさは何 L になりますか。(10点)
(式)

答え [　　　　　　　　　]

2 25 m のロープがあります。6 m ずつ切ると，6 m のロープは何本できて，何 m あまりますか。(10点)
(式)

答え [　　　　　　　　　]

3 1 L 5 dL のジュースを，コップに 2 dL ずつ入れます。2 dL 入ったコップは何こできて，何 dL のこりますか。(10点)
(式)

答え [　　　　　　　　　]

4 青いテープの長さは 20 m で，赤いテープの長さは 4 m です。青いテープの長さは，赤いテープの長さの何倍ですか。(10点)
(式)

答え [　　　　　　　　　]

5 47 人の子どもが，5 人がけの長いすにすわります。みんながすわるには，長いすは何きゃくいりますか。(10点)
(式)

答え [　　　　　　　　　]

6 あやめさんは，前から21番目にならんでいます。前からじゅんに，4人ずつカートに乗^のります。あやめさんは，何台目のカートに乗ることになりますか。(10点)

(式)

答え [   ]

7 たけしさんは80円持^もっています。1まい9円の色紙を何まい買うことができますか。(10点)

(式)

答え [   ]

8 画びょうが30こあります。画びょう4こで1まいのポスターをはります。ポスターを何まいはることができますか。(10点)

(式)

答え [   ]

9 リボンでかざりを作ります。1このかざりを作るのに，リボンの長さは8cmいります。長さ50cmのリボンから，かざりは何こできますか。(10点)

(式)

答え [   ]

10 48÷8＝6 という式があります。この式にあう問題文^{もんだいぶん}をつくりなさい。

(10点)

[

]

7 わり算の文章題 ②

学習の
ねらい

- ✓ 答えが2けたになるわり算ができるようにします。
- ✓ 答えが2けたになるわり算の文章題がとけるようにします。
- ✓ かけ算とわり算を使って，いろいろな考え方ができるようにします。

ステップ 1

1 色紙が 80 まいあります。4 人で同じ数ずつ分け
ると，1 人分は何まいになりますか。

（式）

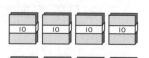

答え [　　　　　　]

2 クリップが 60 こあります。1 人に 2 こずつ配ると，何人に配ること
ができますか。

（式）

答え [　　　　　　]

3 色紙が 36 まいあります。3 人で同じ数ずつ分ける
と，1 人分は何まいになりますか。

（式）

答え [　　　　　　]

4 ビー玉が 84 こあります。1 人に 4 こずつ分けると，何人に分けられ
ますか。

（式）

答え [　　　　　　]

5 3こで 90 円のおかしがあります。おかし 1 このねだんは何円ですか。

（式）

答え［　　　　　　　］

6 せんべいが 99 まいあります。9 まいずつふくろに入れると，何ふくろできますか。

（式）

答え［　　　　　　　］

7 あめが 1 ふくろに 6 こ入って，66 円で売られています。あめ 30 こ分の代金を，2 通りの考え方でもとめます。□にあてはまる数を書きなさい。

66円

(1) あめ 1 このねだんをもとめると，

	÷		=	
1 ふくろの ねだん		1 ふくろの あめの数		

あめ 30 こ分の代金は，

	×		=	
あめ 1 こ のねだん		買うあめの数		

答え［　　　　　　　］

(2) 何ふくろ買うかをもとめると，

	÷		=	
買うあめの数		1 ふくろの あめの数		

あめ 30 こ分の代金は，

	×		=	
1 ふくろ のねだん		買うふくろ の数		

答え［　　　　　　　］

33

ステップ2

1 80 cm の毛糸を半分に切ると，1本は何 cm になりますか。(10点)
(式)

答え〔　　　　　　　　〕

2 こんぺいとうを1人に3こずつ配ります。96こ用意したとき，何人に配ることができますか。(10点)
(式)

答え〔　　　　　　　　〕

3 ロープが90 m あります。同じ長さで9本に切り分けると，1本分の長さは何 m になりますか。(10点)
(式)

答え〔　　　　　　　　〕

4 ジュースが 66 dL あります。6 dL ずつびんに入れると，何本のびんに入れることができますか。(10点)
(式)

答え〔　　　　　　　　〕

5 子どもが 48 人います。1つの長いすに4人ずつすわると，長いすは何きゃくいりますか。(10点)
(式)

答え〔　　　　　　　　〕

6 3まいで 39 円の画用紙があります。1まいのねだんは何円ですか。

(10点)

(式)

答え〔　　　　　　　〕

7 1箱8こ入りで 88 円のチョコレートを買います。チョコレート 40 こ分の代金は何円ですか。(10点)

(式)

答え〔　　　　　　　〕

8 2 m で 86 円のテープがあります。このテープ 18 m のねだんは何円ですか。(10点)

(式)

答え〔　　　　　　　〕

9 1箱5こ入りのおまんじゅうが 12 箱あります。このおまんじゅうを 1人に2こずつ分けると，何人に分けることができますか。(10点)

(式)

答え〔　　　　　　　〕

10 1日に3ページずつとくと，全部とき終わるのにちょうど 22 日かかる問題集があります。この問題集を1日に6ページずつとくと，全部とき終わるのに何日かかりますか。(10点)

(式)

答え〔　　　　　　　〕

8 □を使った式

学習の
ねらい

- ✓ □を使った式で場面を表すことができるようにします。
- ✓ たし算とひき算のかん係，かけ算とわり算のかん係を知ります。
- ✓ □にあてはまる数をもとめることができるようにします。

ステップ1

1 シールを何まいか持っていました。9まいもらったので，全部で30まいになりました。

(1) はじめに持っていたシールの数を□まいとして，式に表しなさい。

ことばの式… | はじめの数 | ＋ | もらった数 | ＝ | 全部の数 |

□を使った式…〔　　　　　　　　　〕

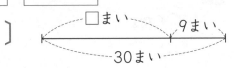

(2) □にあてはまる数をもとめなさい。

〔　　　　　　　　〕

2 色紙が何まいかありました。5まい使ったので，のこりが20まいになりました。

(1) はじめにあった色紙の数を□まいとして，式に表しなさい。

ことばの式… | はじめの数 | ― | 使った数 | ＝ | のこりの数 |

□を使った式…〔　　　　　　　　　〕

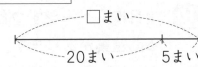

(2) □にあてはまる数をもとめなさい。

〔　　　　　　　　〕

3 いちごを同じ数ずつ5人に配ると，いちごは全部で30こいりました。

(1) 1人分のいちごの数を□ことして，式に表しなさい。

ことばの式… | 1人分の数 | × | 人数 | = | 全部の数 |

□を使った式…〔　　　　　　　　　〕

(2) □にあてはまる数をもとめなさい。

〔　　　　　　〕

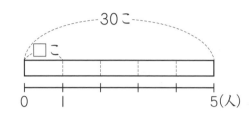

4 みかんが何こかありました。4人で同じ数ずつ分けると，1人分は6こになりました。

(1) 全部のみかんの数を□ことして，式に表しなさい。

ことばの式… | 全部の数 | ÷ | 人数 | = | 1人分の数 |

□を使った式…〔　　　　　　　　　〕

(2) □にあてはまる数をもとめなさい。

〔　　　　　　〕

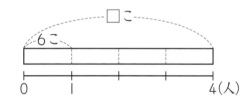

5 □にあてはまる＋，－，×，÷を書きなさい。

(1) □＋8＝20

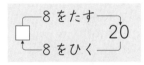

□＝20 □ 8

(2) □－6＝14

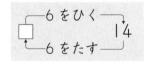

□＝14 □ 6

(3) □×3＝12

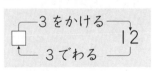

□＝12 □ 3

(4) □÷2＝8

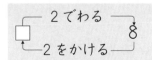

□＝8 □ 2

STEP 2

ステップ2

1 えん筆を何本か持っていました。6本もらったので，全部で14本になりました。(10点/1つ5点)

(1) はじめのえん筆の数を□本として，たし算の式に表しなさい。

〔　　　　　　　　　〕

(2) □にあてはまる数をもとめなさい。

〔　　　　　　　　　〕

2 子どもが何人かいました。3人帰ったので，23人になりました。

(10点/1つ5点)

(1) はじめにいた子どもの数を□人として，ひき算の式に表しなさい。

〔　　　　　　　　　〕

(2) □にあてはまる数をもとめなさい。

〔　　　　　　　　　〕

3 500円持っていました。花を買ったので，のこりが180円になりました。(12点/1つ6点)

(1) 花の代金を□円として，ひき算の式に表しなさい。

〔　　　　　　　　　〕

(2) □にあてはまる数をもとめなさい。

〔　　　　　　　　　〕

4 水そうに水が20L入っていました。そこへ，水を何Lか入れたので，水そうの水は35Lになりました。(12点/1つ6点)

(1) 入れた水のかさを□Lとして，たし算の式に表しなさい。

〔　　　　　　　　　〕

(2) □にあてはまる数をもとめなさい。

〔　　　　　　　　　〕

5 ボールを同じ数ずつ8つの箱（はこ）に入れると，全部で48こ入りました。

(14点/1つ7点)

(1) 1箱のボールの数を□ことして，かけ算の式に表しなさい。

〔　　　　　　　　　　　〕

(2) □にあてはまる数をもとめなさい。

〔　　　　　　　　　　　〕

6 テープが何mかありました。5等分（とうぶん）して切ると，1本の長さは4m になりました。(14点/1つ7点)

(1) はじめのテープの長さを□mとして，わり算の式に表しなさい。

〔　　　　　　　　　　　〕

(2) □にあてはまる数をもとめなさい。

〔　　　　　　　　　　　〕

7 1まい9円の色紙を何まいか買うと，代金は45円でした。

(14点/1つ7点)

(1) 買った色紙の数を□まいとして，かけ算の式に表しなさい。

〔　　　　　　　　　　　〕

(2) □にあてはまる数をもとめなさい。

〔　　　　　　　　　　　〕

8 あめが何こかありました。1人に6こずつ配（くば）ると，ちょうど7人に配ることができました。(14点/1つ7点)

(1) はじめにあったあめの数を□ことして，わり算の式に表しなさい。

〔　　　　　　　　　　　〕

(2) □にあてはまる数をもとめなさい。

〔　　　　　　　　　　　〕

1 350 mL 入りのジュースが，1本88円で売られています。このジュースを12本買います。(20点/1つ10点)

(1) 代金は何円になりますか。

(式)

答え〔　　　　　　　　　〕

(2) 12本のジュースを6人で分けると，1人分は何本になりますか。

(式)

答え〔　　　　　　　　　〕

2 赤，青，白の3本のテープがあります。赤のテープの長さは12mです。(20点/1つ10点)

(1) 青のテープの長さは，赤のテープの5倍です。青のテープの長さは何mですか。

(式)

答え〔　　　　　　　　　〕

(2) 白のテープの長さは2mです。赤のテープの長さは，白のテープの何倍ですか。

(式)

答え〔　　　　　　　　　〕

3 計算問題が55問あります。1日に8問ずつといていくと，全部とき終わるには何日かかりますか。(10点)

(式)

答え〔　　　　　　　　　〕

4 ドーナツが1箱に7こずつ12箱あります。このドーナツを，1人に4こずつ分けると，何人に分けられますか。(10点)

（式）

答え〔　　　　　　　　　〕

5 子どもが25人いました。何人か帰ったので，のこりが19人になりました。(10点/1つ5点)

(1) 帰った子どもの数を□人として，ひき算の式に表しなさい。

〔　　　　　　　　　〕

(2) □にあてはまる数をもとめなさい。

〔　　　　　　　　　〕

6 お父さんの身長は175cmです。お父さんの身長は，たくやさんより45cm高いそうです。

(1) たくやさんの身長を□cmとして，たし算の式に表しなさい。(10点)

〔　　　　　　　　　〕

(2) □にあてはまる数をもとめなさい。(5点)

〔　　　　　　　　　〕

7 みかさんは，色紙を24まい持っています。みかさんの色紙の数は，妹の色紙の数の3倍です。

(1) 妹の色紙の数を□まいとして，かけ算の式に表しなさい。(10点)

〔　　　　　　　　　〕

(2) □にあてはまる数をもとめなさい。(5点)

〔　　　　　　　　　〕

9 時こくと時間

✅ 時間のたんい(時・分・秒)のかん係を知り，くり上がりやくり下がり
のある計算ができるようにします。

✅ 時こくや時間をもとめる文章題をとけるようにします。

ステップ 1

1 8時30分の40分後の時こくは何時何分ですか。

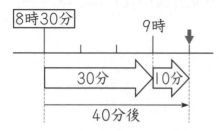

〔　　　　　　　　〕

2 9時20分の50分前の時こくは何時何分ですか。

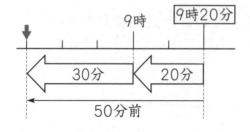

〔　　　　　　　　〕

3 10時40分から11時30分までの時間は何分で
すか。

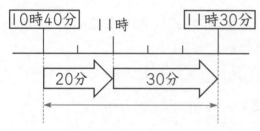

〔　　　　　　　　〕

4 30分と40分をあわせると何時間何分ですか。

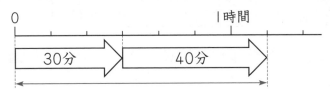

[   ]

5 1時間10分と20分をあわせると何時間何分ですか。

[   ]

6 40秒と50秒をあわせると何分何秒ですか。

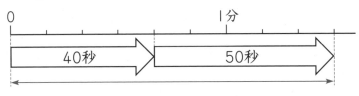

[   ]

7 55秒と25秒のちがいは何秒ですか。

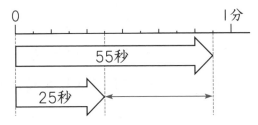

[   ]

8 1分20秒と30秒のちがいは何秒ですか。

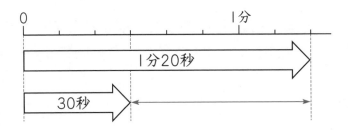

[   ]

STEP 2 ステップ2

1 学校を2時50分に出て，25分歩いて家に着きました。家に着いた時こくは何時何分ですか。(10点)

〔　　　　　　　〕

2 3時45分から35分間本を読みました。本を読み終わった時こくは何時何分ですか。(10点)

〔　　　　　　　〕

3 家を出て18分歩き，駅に10時8分に着きました。家を出た時こくは何時何分ですか。(10点)

〔　　　　　　　〕

4 公園からゆかさんの家まで歩くと25分かかります。2時10分にゆかさんの家に着くには，公園を何時何分に出なければなりませんか。

(10点)

〔　　　　　　　〕

5 4時45分から5時30分まで宿題をしました。宿題をしていた時間は何分ですか。(10点)

〔　　　　　　　〕

6 8時30分に家を出て，9時45分に動物園に着きました。かかった時間は何時間何分ですか。(10点)

[   ]

7 バスに35分，電車に1時間30分乗って，おじいさんの家に行きました。乗り物に乗っていた時間は，あわせて何時間何分ですか。

(10点)

[   ]

8 ようこさんは，国語と算数の勉強をあわせて1時間しました。そのうち国語を勉強したのは20分でした。算数を勉強した時間は何分ですか。(10点)

[   ]

9 池のまわりをつづけて2しゅう走りました。1しゅう目は2分55秒かかり，2しゅう目は3分15秒かかりました。(20点/1つ10点)

(1) 2しゅう走るのにかかった時間は何分何秒ですか。

[   ]

(2) 2しゅう目は，1しゅう目より何秒長くかかりましたか。

[   ]

10 長さ

学習の ねらい

- ✓ 道のりときょりのちがいを知ります。
- ✓ 長さのたんい(km・m)のかん係(けい)を知り，計算ができるようにします。
- ✓ 道のりやきょりをもとめる文章題(ぶんしょうだい)をとけるようにします。

STEP 1 ステップ 1

1 右の絵地図を見て，答えなさい。

(1) あやさんの家からまみさんの家 までの道のりは何mですか。

〔　　　　　　　　　〕

750m

900m

あやさんの家

まみさんの家

(2) あやさんの家からまみさんの家 までのきょりは何mですか。

〔　　　　　　　　　〕

(3) きょりと道のりでは，どちらが何m長いですか。
(式(しき))

答え〔　　　　　　　　　　　　　　　　〕

2 □にあてはまる数を書きなさい。

(1) 1 km = □ m

(2) 2000 m = □ km

(3) 1 km 539 m = □ m

(4) 3600 m = □ km □ m

(5) 4 km 70 m = □ m

(6) 5008 m = □ km □ m

3 家からポストの前を通って、駅_{えき}まで行くときの道のりは何km何mですか。

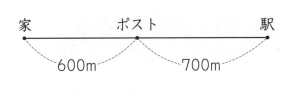

（式）

答え〔　　　　　〕

4 交番から学校までの道のりは何mですか。

（式）

答え〔　　　　　〕

5 ゆうかさんは、家から2kmはなれた図書館_{としょかん}に向_むかって歩いています。あと500mで図書館に着_つきます。

(1) 家、ゆうかさん、図書館のかん係を下の図に表_{あらわ}します。（　）には、家、ゆうかさん、図書館の中からあてはまることばを書きなさい。□□には、あてはまる道のりの長さを書きなさい。

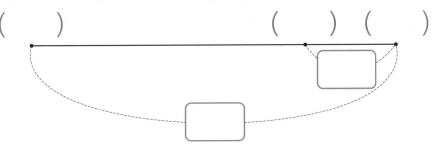

(2) ゆうかさんは、これまでに何km何m歩きましたか。

（式）

答え〔　　　　　〕

10 長 さ

ステップ **2**

月　日　答え ➡ べっさつ14ページ

🕐 時 間 25分

👍 合かく 80点

✏ とく点

点

1 右の絵地図を見て，答えなさい。
(30点/1つ10点)

(1) みなみさんの家から学校までの道
のりは何mですか。
（式）

答え [　　　　　　　　]

学校

みなみさん
の家

480m

250m

300m

(2) みなみさんの家から学校までのきょりは何mですか。

[　　　　　　　　]

(3) きょりと道のりでは，どちらが何m長いですか。
（式）

答え [　　　　　　　　]

2 駅からゆうびん局までの道のりは1km600m，ゆうびん局から市役
所までの道のりは900mです。(20点/1つ10点)

(1) 駅からゆうびん局の前を通って，市役所まで行くときの道のりは何
km何mですか。
（式）

答え [　　　　　　　　]

(2) ゆうびん局から駅までと，ゆうびん局から市役所までの道のりのちが
いは何mですか。
（式）

答え [　　　　　　　　]

3 さとしさんは，5 km のハイキングコースを歩いています。これまでに 2 km 300 m 歩きました。のこりの道のりは何 km 何 m ですか。

(式) (10点)

答え [   ]

4 家から公園に向かって歩いています。これまでに 1 km 800 m 歩きました。公園までは，あと 250 m あるそうです。家から公園までの道のりは何 km 何 m ですか。(10点)

(式)

答え [   ]

5 マラソンの練習をしています。なつみさんは 1 km 500 m 走りました。お兄さんは，なつみさんより 600 m 多く走りました。お兄さんは，何 km 何 m 走りましたか。(15点)

(式)

答え [   ]

6 まことさんの家からたくやさんの家までの道のりは 2 km です。まことさんはたくやさんの家に向かって 500 m，たくやさんはまことさんの家に向かって 550 m 歩きました。今，2 人の間は何 m はなれていますか。(15点)

(式)

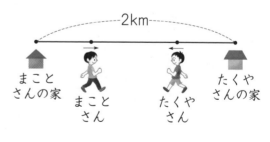

答え [   ]

重さ

おも

**学習の
ねらい**

- ✓ はかりの目もりの読み方を知ります。
- ✓ 重さのたんい(g・kg・t)のかん係を知り, 計算ができるようにします。
- ✓ 重さをもとめる文章題がとけるようにします。

STEP 1 ステップ1

1 右のはかりについて, 答えなさい。

(1) このはかりは, 何kgまではかれますか。

　　　　　　　　〔　　　　　　　　　〕

(2) いちばん小さい1目もりは, 何gを表しますか。

　　　　　　　　　　　　　〔　　　　　　　　　〕

(3) はりがさしている重さは, 何gですか。

　　　　　　　　　　　　　〔　　　　　　　　　〕

2 はりがさしている重さは何gですか。

(1)

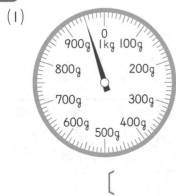

(2)

　　　　　〔　　　　　　〕　　　　　〔　　　　　　　〕

3 □にあてはまる数を書きなさい。

(1) 1kg = □ g

(2) 5t = □ kg

(3) 3t 80kg = □ kg

(4) 5006g = □ kg □ g

4 重さ 200 g のかごに，700 g のみかんを入れます。全体の重さは何
g になりますか。

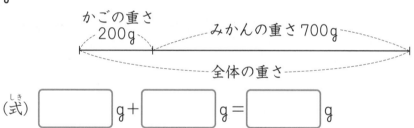

(式) ☐ g ＋ ☐ g ＝ ☐ g

答え 〔　　　　　　　　〕

5 重さ 150 g のかごにりんごを入れると，全体の重さが 1 kg になりました。りんごの重さは何 g ですか。

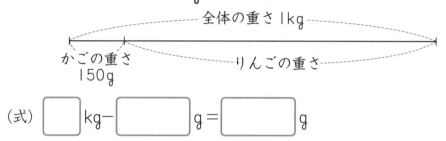

(式) ☐ kg － ☐ g ＝ ☐ g

答え 〔　　　　　　　　〕

6 こむぎこが 2 kg 500 g あります。1 kg 200 g 使うと，のこりは何
kg 何 g になりますか。

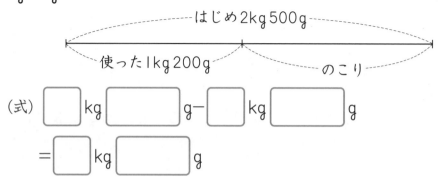

(式) ☐ kg ☐ g － ☐ kg ☐ g

＝ ☐ kg ☐ g

答え 〔　　　　　　　　〕

ステップ2

1 重さ 100g の入れものに，800g のしおを入れます。全体の重さは何g になりますか。(10点)

(式)

答え [　　　　　　　　]

2 400g の玉ねぎと 600g のじゃがいもがあります。あわせた重さは何kg ですか。(10点)

(式)

答え [　　　　　　　　]

3 重さ 200g のかばんに本を入れると，全体の重さが 1kg 100g になりました。本の重さは何g ですか。(10点)

(式)

答え [　　　　　　　　]

4 けんたさんの体重は 25kg です。けんたさんが犬をだいてはかると，28kg ありました。犬の体重は何kg ですか。(10点)

(式)

答え [　　　　　　　　]

5 さとうが 1kg あります。50g 使うと，のこりは何g になりますか。
(10点)

(式)

答え [　　　　　　　　]

6 米が 10 kg あります。いくらか使ったので，のこりが 4 kg 700 g になりました。使った米は何 kg 何 g ですか。(10点)

(式)

答え〔　　　　　　　　〕

7 お父さんの体重は 65 kg，はるとさんの体重は 26 kg です。ちがいは何 kg ですか。(10点)

(式)

答え〔　　　　　　　　〕

8 畑でトマトが 1 kg 600 g とれました。きゅうりは，トマトより 700 g 多くとれました。きゅうりは何 kg 何 g とれましたか。(10点)

(式)

答え〔　　　　　　　　〕

9 トラックに荷物を 2 t 600 kg つみました。トラックには，4 t までつむことができます。あと何 t 何 kg つむことができますか。(10点)

(式)

答え〔　　　　　　　　〕

10 ㋐，㋑，㋒のボールが，それぞれ右の図のようにつり合っています。㋐のボール 1 ことつり合うのは，㋒のボール何こですか。(10点)

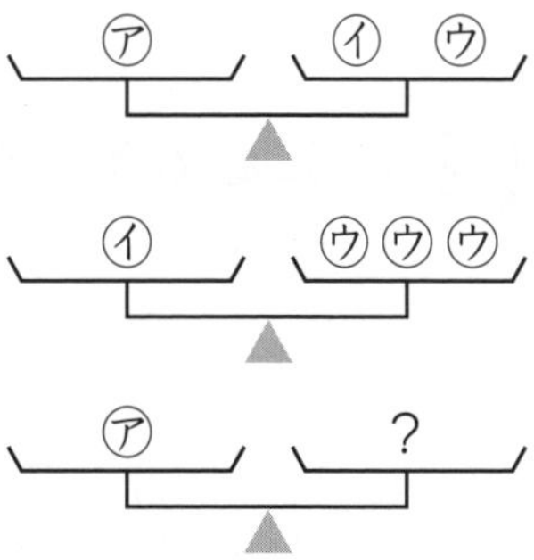

〔　　　　　　　　〕

小　数

学習の
ねらい

- 小数を使って長さやかさを表せるようにします。
- 小数のたし算・ひき算を使う文章題がとけるようにします。

1 次のかさを小数で表しなさい。

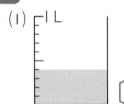　(1)〔　　　〕L

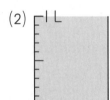　(2)〔　　　〕L

2 □にあてはまる数を書きなさい。

(1) 3.5 L = □ L □ dL　　(2) 7 dL = □ L

(3) 4 cm 6 mm = □ cm　　(4) 0.8 cm = □ mm

3 数直線の(1)〜(4)の目もりが表す小数を書きなさい。

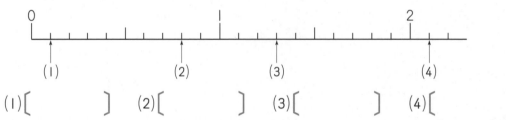

(1)〔　　　〕　(2)〔　　　〕　(3)〔　　　〕　(4)〔　　　〕

4 □にあてはまる>, <を書きなさい。

(1) 0.6 □ 0.8　　　(2) 3.2 □ 2.9

(3) 0.1 □ 1　　　(4) 1.5 □ 5.1

5 0.5 L と 0.3 L をあわせたかさは何 L ですか。

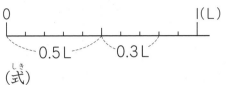

(式)

答え〔　　　　　　　〕

6 0.8 L と 0.6 L をあわせたかさは何 L ですか。

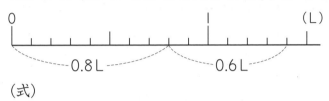

(式)

答え〔　　　　　　　〕

7 2.6 L と 1.2 L をあわせたかさは何 L ですか。

(式)

(筆算)

答え〔　　　　　　　〕

8 3.5 L と 1.3 L のちがいは何 L ですか。

(式)

(筆算)

答え〔　　　　　　　〕

9 お茶が 3 L あります。1.8 L 飲むと, のこりは何 L になりますか。

(式)

(筆算)

答え〔　　　　　　　〕

ステップ**2**

時間 25分　合かく80点　とく点　　点

1 長いじゅんに，記号を書きなさい。(10点)

ア 13 cm　　**イ** 10.3 cm　　**ウ** 1.3 m

〔　　　→　　　→　　　〕

2 リボンを，みさきさんは 2.4 m，さゆりさんは 1.8 m 持っています。

(20点/1つ10点)

(1) あわせた長さは何 m ですか。
（式）

答え〔　　　　　　　〕

(2) ちがいは何 m ですか。
（式）

答え〔　　　　　　　〕

3 赤いテープの長さは 13.6 m です。青いテープは，赤いテープより 0.2 m 長いそうです。青いテープの長さは何 m ですか。(10点)
（式）

答え〔　　　　　　　〕

4 長さ 5 m のロープがあります。2.7 m 切り取ると，のこりの長さは何 m になりますか。(10点)
（式）

答え〔　　　　　　　〕

5 家から本屋までは 5.7 km，本屋から公園までは 3.3 km あります。家から本屋の前を通って公園まで行くときの道のりは何 km ですか。

(10点)

(式)

答え [　　　　　　　]

6 バケツに水が 4.2 L 入っています。そこへ水を 6 L 入れると，バケツの中の水は何 L になりますか。(10点)

(式)

答え [　　　　　　　]

7 重さ 1.2 kg の入れものに，米を 8.8 kg 入れました。全体の重さは何 kg になりますか。(10点)

(式)

答え [　　　　　　　]

8 なおとさんの 4 月の体重は 23.5 kg で，今の体重は 25 kg です。何 kg ふえましたか。(10点)

(式)

答え [　　　　　　　]

9 牛にゅうが 1 L あります。ななみさんが 0.2 L，ようこさんが 0.1 L 飲みました。のこりは何 L になりましたか。(10点)

(式)

答え [　　　　　　　]

13 分　数

学習の
ねらい

☑ 分数を使って長さやかさを表し，大きさをくらべることができるようにします。
☑ 小数と分数のかん係を知ります。
☑ 分数のたし算・ひき算を使う文章題がとけるようにします。

ステップ1

1 色のついたところの長さを分数で表しなさい。

(1)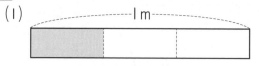

〔　　　　〕m

(2)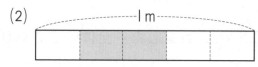

〔　　　　〕m

2 次のかさを分数で表しなさい。

(1) 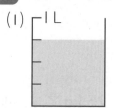　　〔　　　　〕L

(2) 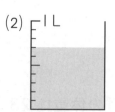　　〔　　　　〕L

3 数直線の(1)～(3)の目もりが表す分数を書きなさい。

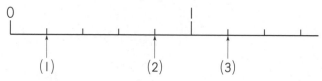

(1)〔　　　　〕　(2)〔　　　　〕　(3)〔　　　　〕

4 □にあてはまる >，<，= を書きなさい。

(1) $\dfrac{3}{4}$ □ $\dfrac{2}{4}$　　　　(2) $\dfrac{6}{6}$ □ 1　　　　(3) $\dfrac{9}{10}$ □ 0.8

5 $\frac{2}{5}$ m と $\frac{1}{5}$ m をあわせた長さは何 m ですか。

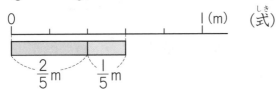

(式)

答え [   ]

6 $\frac{5}{6}$ m と $\frac{4}{6}$ m のちがいは何 m ですか。

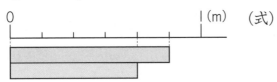

(式)

答え [   ]

7 長さ 1 m のテープから $\frac{1}{4}$ m を切り取ると，のこりは何 m になりますか。

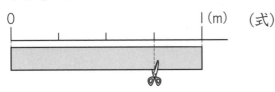

(式)

答え [   ]

8 1 本のテープを 1 回切ると，長さが $\frac{3}{7}$ m のテープと $\frac{4}{7}$ m のテープに分かれました。はじめの長さは何 m でしたか。

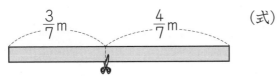

(式)

答え [   ]

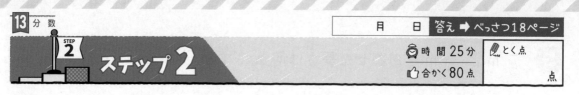

13 分数

ステップ**2**

1 $\frac{1}{4}$ dL と $\frac{2}{4}$ dL をあわせたかさは何 dL ですか。(10点)

(式)

答え [　　　　　　　]

2 ジュースが，紙パックに $\frac{5}{10}$ L，びんに $\frac{8}{10}$ L あります。紙パックとびんとでは，どちらが何 L 多いですか。(10点)

(式)

答え [　　　　　　　]

3 しょうゆが $\frac{8}{9}$ L あります。$\frac{2}{9}$ L 使うと，のこりは何 L になりますか。(10点)

(式)

答え [　　　　　　　]

4 重さ $\frac{1}{8}$ kg の入れものに，油を $\frac{7}{8}$ kg 入れました。全体の重さは何 kg になりますか。(15点)

(式)

答え [　　　　　　　]

60

5 さとうが 1 kg あります。何 kg か使ったので，のこりが $\frac{5}{7}$ kg になりました。何 kg 使いましたか。(10点)

(式)

答え〔　　　　　　　　〕

6 チョコレートが 1 まいあります。たけしさんが $\frac{4}{9}$ まい分，弟が $\frac{2}{9}$ まい分食べました。のこりは何まい分になりますか。(10点)

(式)

答え〔　　　　　　　　〕

7 長さ 1 m のテープがあります。たかしさんが $\frac{5}{10}$ m，まゆみさんが $\frac{4}{10}$ m 使いました。のこりの長さは何 m になりますか。(15点)

(式)

答え〔　　　　　　　　〕

8 1 L 入るポットに水が $\frac{5}{8}$ L 入っています。そこへ水を $\frac{4}{8}$ L 入れると，あふれてしまいました。あふれた水は何 L ですか。(10点)

(式)

答え〔　　　　　　　　〕

9 お茶を 0.1 L 飲むと，のこりが $\frac{6}{10}$ L になりました。はじめに何 L ありましたか。分数で答えなさい。(10点)

(式)

答え〔　　　　　　　　〕

1 てんびんを使って，重さをはかっています。(20点/1つ10点)

(1) 右のてんびんは，つり合っています。⑦
の重さは何gですか。
(式)

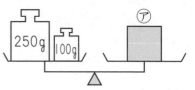

答え〔　　　　　　　　　〕

(2) 右のてんびんは，つり合っています。⑦
の重さは何gですか。
(式)

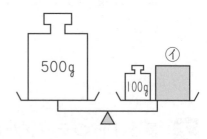

答え〔　　　　　　　　　〕

2 重さ600gのかばんに1.5kgの荷物を入れると，全体の重さは何kgになりますか。(10点)
(式)

答え〔　　　　　　　　　〕

3 とおるさんは，家から1kmはなれたおばさんの家へ向かって歩いています。これまでに$\frac{7}{9}$km歩きました。おばさんの家まで，あと何kmですか。(10点)
(式)

答え〔　　　　　　　　　〕

4 家を7時38分に出て，28分歩いて学校に着きました。学校に着いた時こくは何時何分ですか。(10点)

〔　　　　　　　　　〕

5 家から駅まで歩くと 15 分かかります。11 時 10 分発の電車に乗るために，発車 5 分前に駅に着くには，家を何時何分に出なければなりませんか。(10点)

〔　　　　　　　　　〕

6 あるじどう館は午前 9 時 30 分から午後 5 時 15 分まで開いています。開いている時間は何時間何分ですか。(10点)

〔　　　　　　　　　〕

7 たかしさんは，家から 1.4 km はなれた本屋の前を通って，さらに 800 m はなれた公園まで歩きました。(20点/1つ10点)

(1) たかしさんが歩いた道のりは何 km ですか。
（式）

答え〔　　　　　　　　　〕

(2) 家から公園までのきょりは 1.9 km です。きょりと道のりでは，どちらが何 m 長いですか。
（式）

答え〔　　　　　　　　　〕

8 ゆみさんは，駅から 3 km はなれたおばあさんの家へ向かって歩いています。これまでに 2 km 80 m 歩きました。のこりの道のりは何 m ですか。(10点)
（式）

答え〔　　　　　　　　　〕

ぼうグラフと表

ステップ1

1 3年1組で，お楽しみ会をします。右の
ぼうグラフは，食べたいケーキのしゅる
いを1つずつ答えてもらい，そのけっか
を表したものです。

(1) たての1目もりは何人を表していますか。

〔　　　　　　　　　〕

(2) ショートケーキと答えた人は何人ですか。

〔　　　　　　　　　〕

(3) 食べたいと答えた人がいちばん多いケー
キは何ですか。

〔　　　　　　　　　〕

(4) チーズケーキと答えた人とロールケーキ
と答えた人の人数のちがいは何人ですか。

〔　　　　　　　　　〕

(5) 3年1組はみんなで何人ですか。

〔　　　　　　　　　〕

(6) チョコレートケーキと答えた人数は，チーズケーキと答えた人数の何
倍ですか。

〔　　　　　　　　　〕

(人)　　食べたいケーキ

10

5

0

ショートケーキ　チョコレートケーキ　チーズケーキ　ロールケーキ

2 下の表は，ゆみさんの学校の3年生が，どの町に住んでいるかを調べたものです。

町べつ人数調べ(人)

町名＼組	1組	2組	3組	合計
東町	10	7	4	
西町	9		8	
南町	7	10		
北町	5	8	9	
合計		30	32	

(1) 表のあいているところにあてはまる数を書きなさい。

(2) 1組で，西町に住んでいる人は何人ですか。

〔　　　　　　　〕

(3) 2組はみんなで何人ですか。

〔　　　　　　　〕

(4) いちばん人数が多いのは何組ですか。

〔　　　　　　　〕

(5) ゆみさんの学校の3年生のうち，東町に住んでいる人はみんなで何人ですか。

〔　　　　　　　〕

(6) ゆみさんの学校の3年生がいちばん多く住んでいる町はどの町ですか。

〔　　　　　　　〕

(7) ゆみさんの学校の3年生はみんなで何人ですか。

〔　　　　　　　〕

65

ステップ**2**

1 けいこさん，とおるさん，さとしさん，あやかさんの4人が持っているシールの数について，次のことがわかっています。(50点/1つ10点)

〈わかっていること〉

・けいこさんはシールを 30 まい持っています。

・とおるさんは，けいこさんより 20 まい多く持っています。

・とおるさんは，さとしさんより 15 まい少ないです。

・あやかさんは，けいこさんより 10 まい少ないです。

(1) 右のグラフの1目もりは，何まいを表していますか。

〔　　　　　　　　　〕

(2) 4人のシールの数を，ぼうグラフに表しなさい。

(3) シールの数の多いじゅんに，名前を書きなさい。

〔　　　→　　　→　　　→　　　〕

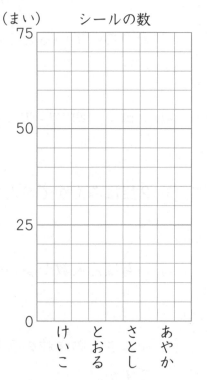

（まい）　　　シールの数

(4) シールの数を，下の表に表しなさい。

シールの数

名前	けいこ	とおる	さとし	あやか
数(まい)				

(5) 4人の持っているシールの数は，全部で何まいですか。

〔　　　　　　　　　〕

2 さきさんは，ちゅう車場にとまっている車について調べました。しかし，表やグラフの一部が消えていたり，よごれて見えなくなったりしています。(50点/1つ10点)

ア （台）車の数（しゅるいべつ）

イ 車の数（しゅるいべつ）

しゅるい	数（台）
乗用車	
トラック	14
タクシー	
バス	2

(1) **ア**のグラフに，トラックとバスの台数を表すぼうをそれぞれかき入れなさい。

(2) **イ**の表のあいているところにあてはまる数を書きなさい。

(3) このちゅう車場にとまっている車は全部で何台ですか。

[　　　　　　]

(4) 右の**ウ**の表の㋔にあてはまる数をもとめなさい。

[　　　　　　]

(5) 右の**ウ**の表の㋔にあてはまる数をもとめなさい。

[　　　　　　]

ウ
車の数（色べつ）

色	数（台）
白	12
黒	㋔
銀	8
青	5
赤	3
その他	2
合計	㋓

15 円と球

📖 学習の
ねらい

- ✅ 円や球の半径と直径のかん係を知ります。
- ✅ コンパスを使って，円をかいたり，長さを写し取ったりします。
- ✅ 円や球を使った文章題がとけるようにします。

ステップ1

1 右の円について，答えなさい。

(1) アの点を，円の何といいます
か。　　　　　　　　　　　〔　　　　　　〕

(2) 直線イウを，円の何といいま
すか。　　　　　　　　　　〔　　　　　〕

(3) 直線アエを，円の何といいますか。

〔　　　　　　　　　　〕

(4) 直線アエの長さが3cmのとき，直線イウの長さは何cmですか。

〔　　　　　　　　〕

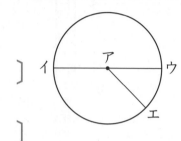

2 直径8cmの円の形をした紙があります。

(1) ぴったり重なるように半分におります。⑦の長さは
何cmになりますか。

〔　　　　　　〕

(2) また半分におります。①の長さは何cmになります
か。

〔　　　　　　〕

(3) ⑦の長さは何cmになりますか。

〔　　　　　〕

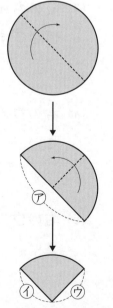

3 コンパスを使って，下のアのおれ線とイの直線の長さをくらべ，長いほうの記号を答えなさい。

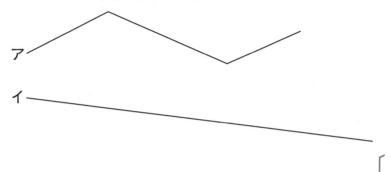

ア

イ

[　　　　　　　]

4 右の図のように，1辺が 10cm の正方形の中に円をかきました。この円の直径と半径の長さは，それぞれ何 cm ですか。

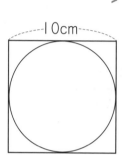

直径 [　　　　　] 半径 [　　　　　]

5 右の図の球の直径と半径の長さは，それぞれ何 cm ですか。

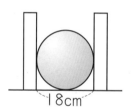

直径 [　　　　　] 半径 [　　　　　]

6 直径 12cm の球をちょうど半分に切ったときの切り口は，下のア〜ウのうちのどれになりますか。1つえらんで，記号で答えなさい。

ア　　　　　イ　　　　　　ウ

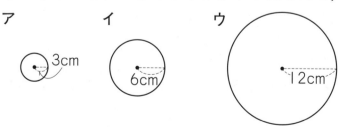

[　　　　　　　]

STEP 2　ステップ2

1 右の図のように，半径3cmの円が2つならんでいます。(30点/1つ10点)

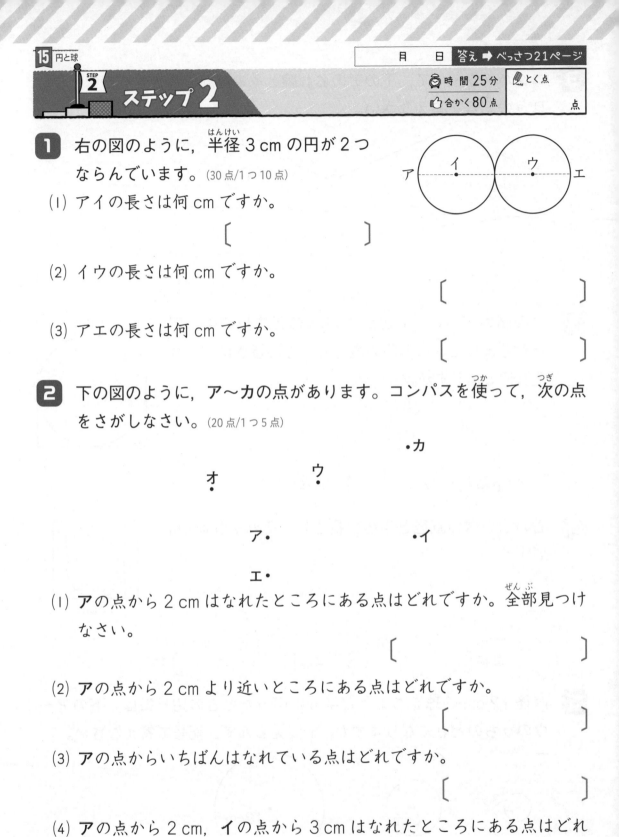

(1) アイの長さは何cmですか。

〔　　　　　　〕

(2) イウの長さは何cmですか。

〔　　　　　　〕

(3) アエの長さは何cmですか。

〔　　　　　　〕

2 下の図のように，ア～カの点があります。コンパスを使って，次の点をさがしなさい。(20点/1つ5点)

(1) アの点から2cmはなれたところにある点はどれですか。全部見つけなさい。

〔　　　　　　〕

(2) アの点から2cmより近いところにある点はどれですか。

〔　　　　　　〕

(3) アの点からいちばんはなれている点はどれですか。

〔　　　　　　〕

(4) アの点から2cm，イの点から3cmはなれたところにある点はどれですか。

〔　　　　　　〕

3 右の図のように，長方形の中に半径
4 cm の円がぴったりならんでいます。
この長方形のたてと横(よこ)の長さを，それぞ
れもとめなさい。(10点)

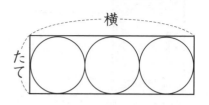

たて〔　　　　　　　　〕　横〔　　　　　　　　〕

4 右の図のように，1辺(べん)が 20 cm の正方形の中に，
同じ大きさの円が 4 つぴったりならんでいます。こ
の円の半径は何 cm ですか。(10点)

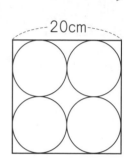

〔　　　　　　　　〕

5 右の図のように，はばが 48 cm の
たなに，直径 8 cm のボールを 1 列(れつ)
にならべます。ボールを何こならべ
ることができますか。(10点)

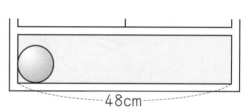

〔　　　　　　　　〕

6 右の図のように，箱(はこ)の中に同じ大きさのボ
ールが 8 こぴったり入っています。

(20点/1つ10点)

(1) ボールの直径は何 cm ですか。

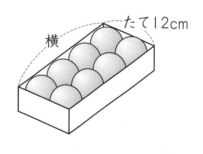

〔　　　　　　　　〕

(2) 箱の横の長さは何 cm ですか。

〔　　　　　　　　〕

16 三角形

学習の
ねらい
- ☑ 二等辺三角形や正三角形のしくみを知ります。
- ☑ 角と角の大きさについて知ります。
- ☑ 円と三角形のきまりを使って，問題をとけるようにします。

ステップ1

1 二等辺三角形を全部えらんで，記号で答えなさい。

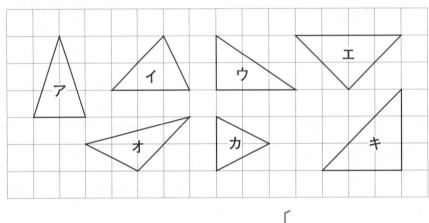

[　　　　　　　　　　　　]

2 3本の竹ひごを使って，三角形を作ります。三角形ができるものには
○を，三角形ができないものには×を書きなさい。

(1) 3 cm，3 cm，3 cm　[　　]　(2) 3 cm，4 cm，5 cm　[　　]

(3) 3 cm，4 cm，4 cm　[　　]　(4) 3 cm，3 cm，7 cm　[　　]

3 角の大きいじゅんに，記号を書きなさい。

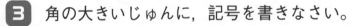

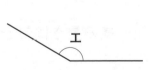

[　　→　　→　　→　　]

4 下の図のように，2つにおったおり紙を，線のところで切ってから広げます。何という三角形ができますか。

(1)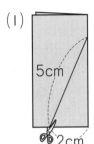
5cm
2cm
〔   〕

(2)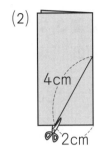
4cm
2cm
〔   〕

5 右の図は，半径5cmの円の半径を使って，三角形をかいたものです。

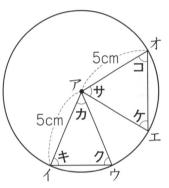

(1) イウの長さは4cmです。アイウの三角形は何という三角形ですか。

〔   〕

(2) キと同じ大きさの角はどれですか。記号で答えなさい。

〔   〕

(3) エオの長さは5cmです。サと同じ大きさの角を全部見つけて，記号で答えなさい。

〔   〕

6 右の図は，半径6cmの円を2つ使って三角形をかいたものです。2つの点ア，イは，それぞれの円の中心です。

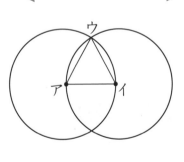

(1) アイウの三角形は何という三角形ですか。

〔   〕

(2) (1)で答えた理由を書きなさい。

〔
                                              〕

(3) アイウの三角形のまわりの長さは何cmですか。

〔   〕

STEP 2

ステップ**2**

1 下の三角形の名前を書きなさい。(15点/1つ5点)

(1)

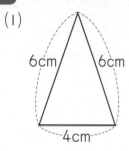

6cm　6cm

4cm

(2)

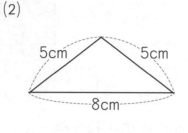

5cm　5cm

8cm

(3)

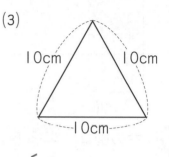

10cm　10cm

10cm

〔　　　　〕〔　　　　〕〔　　　　〕

2 4 cm, 6 cm, 8 cm, 10 cm, 12 cm の
竹ひごが1本ずつあります。このうち3
本を使って, 三角形をつくります。

4cm ▭
6cm ▭
8cm ▭
10cm ▭
12cm ▭

(1) 4 cm と 6 cm の2本は使うことにする
と, のこりの1本は何 cm の竹ひごにす
ればよいですか。(5点)

〔　　　　　　　　〕

✏(2) (1)でえらんだ理由を書きなさい。(10点)

〔　　　　　　　　　　　　　　　　　〕

3 下の図を見て, 角の大きいじゅんに記号を書きなさい。(10点)

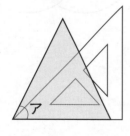

ア

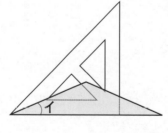

イ

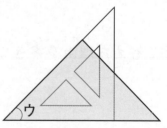

ウ

〔　　→　　→　　〕

4 右の図のように，２つにおった紙を線のところで切って
から広げると，１辺の長さが８cm の正三角形ができま
した。㋐，㋑の長さは何 cm ですか。(20点/1つ10点)

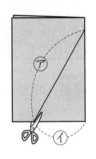

㋐[　　　　　　　] ㋑[　　　　　　　]

5 ひもを使って，まわりの長さが 27 cm の正三角形を作ります。１辺
の長さを何 cm にすればよいですか。(10点)
(式)

答え[　　　　　　　]

6 まわりの長さが 26 cm の二等辺三角形をかきます。
㋐の長さは何 cm ですか。(10点)
(式)

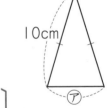

答え[　　　　　　　]

7 半径３cm の円を３つ使って三角形をかきま
した。３つの点ア，イ，ウは，それぞれの円
の中心です。(20点/1つ10点)

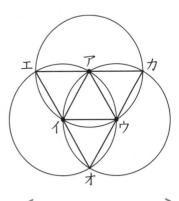

(1) アイウの三角形は何という三角形で，まわり
の長さは何 cm ですか。

三角形の名前[　　　　　　　] まわりの長さ[　　　　　　　]

(2) エオカの三角形は何という三角形で，まわりの長さは何 cm ですか。

三角形の名前[　　　　　　　] まわりの長さ[　　　　　　　]

STEP 3
14〜16
ステップ3

⏰時　間 25分　✒とく点

👍合かく80点　　　　点

1 えりさんが，まと当てゲームをしました。右の図は，そのけっかです。図を見て，下の表にまとめ，合計とく点をもとめなさい。(10点)

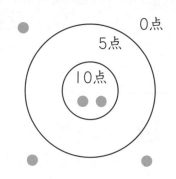

0点
5点
10点

点数(点)	10	5	0	合計
当てた数(こ)	2			
とく点(点)				

2 かいとさんたちは，図書室で本をかりた3年生の人数の合計と，6年生の人数の合計を3か月間調べました。右のぼうグラフは，そのけっかを表しています。(20点/1つ10点)

(1) たての1目もりは，何人を表していますか。

〔　　　　　　　〕

(2) いちばんかりた人が多かったのは，何年生の何月ですか。

〔　　　　　　　〕

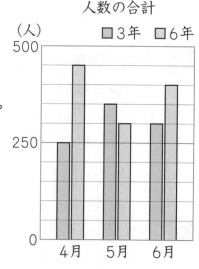

図書室で本をかりた
人数の合計

(人)
■3年 ■6年
500

250

0
4月　5月　6月

3 直径5cmのボールが32こあります。このボールを右の大きさの箱につめていきます。

(20点/1つ10点)

5cm　　20cm

(1) 1つの箱に何こつめることができますか。

〔　　　　　　　〕

(2) 32このボールをつめるには，箱は何箱いりますか。

〔　　　　　　　〕

4 つぎの(1)〜(3)の図を方がん紙にかきなさい。(30点/1つ10点)

(1) ⑦を4まいしきつめた図

(2) ⑦を3まいしきつめた図

(3) ⑨を5まいしきつめた図

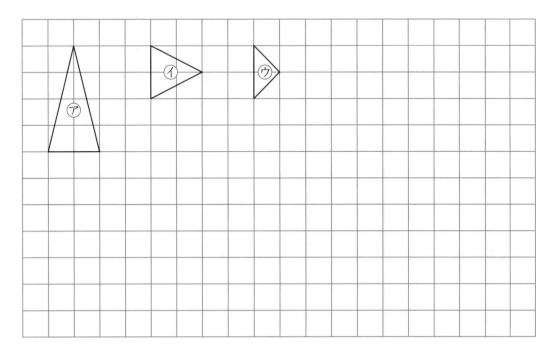

5 右の図で，アを中心とする円は半径6cm，イ，ウを中心とする円はそれぞれ半径4cmです。

(20点/1つ10点)

(1) アイウの三角形は，何という三角形ですか。

〔   〕

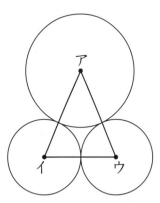

(2) アイウの三角形のまわりの長さは，何cmですか。
(式)

答え〔   〕

17 いろいろな問題 ①

学習の
ねらい
- ☑ かけ算と，たし算やひき算を使って問題をとけるようにします。
- ☑ べつべつにもとめたり，まとまりでもとめたりして考えます。
- ☑ ×，＋，－がまじった１つの式に表して計算できるようにします。

ステップ 1

1 １こ 120 円のおにぎり３こと, １本 80 円のお茶３本を買いました。代金は，あわせて何円ですか。

(1) おにぎりの代金とお茶の代金をべつべつに計算してもとめなさい。

おにぎりの代金… ☐ × ☐ ＝ ☐

お茶の代金　　… ☐ × ☐ ＝ ☐

あわせた代金　… ☐ ＋ ☐ ＝ ☐　　　　答え〔　　　　　〕

(2) (1)の考え方を１つの式に表しなさい。

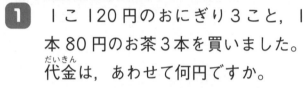

(☐ × ☐) ＋ (☐ × ☐) ＝ ☐
　　おにぎりの代金　　　　　お茶の代金

(3) おにぎり１ことお茶１本を１組と考えて，もとめなさい。

１組分の代金… ☐ ＋ ☐ ＝ ☐

３組分の代金… ☐ × ☐ ＝ ☐　　　　答え〔　　　　　〕

(4) (3)の考え方を１つの式に表しなさい。

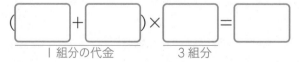

(☐ ＋ ☐) × ☐ ＝ ☐
　１組分の代金　　　３組分

2 1こ98円のりんご4こと, 1こ68円
のみかん4この代金のちがいは何円です
か。

(1) りんごの代金とみかんの代金をべつべつに計算してもとめなさい。

りんごの代金… ☐ × ☐ = ☐

みかんの代金… ☐ × ☐ = ☐

代金のちがい… ☐ − ☐ = ☐   答え 〔   〕

(2) (1)の考え方を1つの式に表しなさい。

(☐ × ☐) − (☐ × ☐) = ☐
　　りんごの代金　　　　　みかんの代金

(3) りんご1ことみかん1このねだんのちがいを考えてからもとめなさい。

りんご1ことみかん1この
ねだんのちがい … ☐ − ☐ = ☐

りんご4ことみかん4この
代金のちがい … ☐ × ☐ = ☐

答え 〔   〕

(4) (3)の考え方を1つの式に表しなさい。

(☐ − ☐) × ☐ = ☐
　りんご1ことみかん1こ　　4組分
　のねだんのちがい

3 ☐にあてはまる数を書きなさい。

(1) 12×6+8×6 = (☐ + ☐) × ☐ = ☐

(2) 43×7−23×7 = (☐ − ☐) × ☐ = ☐

(3) (100−3)×4 = (☐ × ☐) − (☐ × ☐) = ☐

1 動物園におとな5人と子ども5人で行きました。入園りょうは，おとな1人500円，子ども1人300円です。入園りょうは全部で何円ですか。(20点/1つ10点)

(1) おとなの入園りょうと子どもの入園りょうをべつべつに計算する考え方を，1つの式に表してもとめなさい。

(式)

答え 〔　　　　　　　　〕

(2) おとな1人と子ども1人を1組とみる考え方を，1つの式に表してもとめなさい。

(式)

答え 〔　　　　　　　　〕

2 チーズバーガーは1こ200円，ハンバーガーは1こ180円です。チーズバーガーを3こ買うときと，ハンバーガーを3こ買うときとでは，代金のちがいは何円になりますか。(20点/1つ10点)

(1) チーズバーガーの代金とハンバーガーの代金をべつべつに計算する考え方を，1つの式に表してもとめなさい。

(式)

答え 〔　　　　　　　　〕

(2) 1このねだんのちがいを考えて，1つの式に表してもとめなさい。

(式)

答え 〔　　　　　　　　〕

3 大きいバケツには 3 L，小さいバケツには 2 L 入ります。大きいバケツで 7 回，小さいバケツで 7 回水を運ぶと，何 L の水を運ぶことができますか。(15点)

(式)

答え [　　　　　　　]

4 高さ 10 cm の箱を 4 こつむのと，高さ 15 cm の箱を 4 こつむのとでは，高さは何 cm ちがいますか。(15点)

(式)

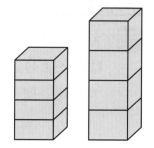

答え [　　　　　　　]

5 500 mL 入りのジュースは 1 本 180 円，350 mL 入りのジュースは 1 本 140 円です。

(30点/1つ15点)

(1) 500 mL 入りのジュースを 6 本と 350 mL 入りのジュースを 6 本買うと，ジュースは全部で何 mL になりますか。

(式)

500mL　　180円
350mL　　140円

答え [　　　　　　　]

(2) 500 mL 入りのジュースを 9 本買うのと，350 mL 入りのジュースを 9 本買うのとでは，代金は何円ちがいますか。

(式)

答え [　　　　　　　]

18 いろいろな問題 ②

学習の
ねらい

- ☑ 問題文を線分図に表し，もとめ方を考えます。
- ☑ ならび方のきまりを見つけ，わり算のあまりの数について考えて，問題をときます。

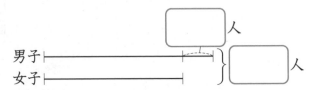

1 えりかさんのクラスには，男子と女子があわせて31人います。男子は女子より3人多いです。

(1) 下の線分図の□にあてはまる数を書きなさい。

男子├────────────┤
女子├──────────┤

人

人

(2) 男子と女子の人数をそれぞれもとめなさい。

男子〔　　　　　　　〕　女子〔　　　　　　　〕

2 兄と弟はあわせて25このあめを持っています。兄のあめの数は弟のあめの数の4倍です。

(1) 下の線分図の□にあてはまる数を書きなさい。

兄├──┼──┼──┼──┤
弟├──┤

こ

(2) 25こは弟の持っているあめの数の何倍にあたりますか。

〔　　　　　　　〕

(3) 兄と弟が持っているあめの数はそれぞれ何こですか。

兄〔　　　　　　　〕　弟〔　　　　　　　〕

3 次のAとBの2つの数をそれぞれもとめなさい。

(1) AとBの合計は18で，AはBより4大きい。

A〔　　　　　　　　〕　B〔　　　　　　　　〕

(2) AとBの合計は28で，AはBの6倍です。

A〔　　　　　　　　〕　B〔　　　　　　　　〕

4 ♠, ♣, ♡, ◇ が，下のようにならんでいます。

♠ ♣ ♡ ◇ ♠ ♣ ♡ ◇ ♠ ♣ ……
1　2　3　4　5　6　7　8　9　10　……

(1) 16番目の形をかきなさい。

〔　　　　　　　　〕

(2) 24番目の形について考えます。□にあてはまる数や形をかきなさい。

♠ ♣ ♡ ◇ の □ つの形が1つのまとまりになってくり返しならん

でいます。24は □ でわり切れるので，24番目の形は □ で

す。

(3) 31番目の形について考えます。□にあてはまる数や形をかきなさい。

31÷□ = □ あまり □ だから，形は □ です。

月　　日　答え ➡ べっさつ24ページ

⏰ 時　間 30分
👍 合かく 80 点

✏ とく点

点

ステップ2

1 兄と弟の持っているカードは，あわせて 50 まいです。兄は弟よりも 8 まい多く持っています。2 人はそれぞれ何まい持っていますか。

(10 点)

兄［　　　　　　　］　弟［　　　　　　　］

2 まわりの長さが 80 m で，横がたてより 14 m 長い長方形の土地があります。この土地の横の長さとたての長さはそれぞれ何 m ですか。

(15 点)

横［　　　　　　　］　たて［　　　　　　　］

3 母と姉の年れいの合計は 48 才で，母の年れいは姉の年れいの 3 倍です。母と姉はそれぞれ何才ですか。(10 点)

母［　　　　　　　］　姉［　　　　　　　］

4 ある町内の子ども会の人数は 30 人です。男の子の人数は，女の子の人数の 2 倍より 3 人多いそうです。男の子，女の子それぞれの人数をもとめなさい。(15 点)

男の子［　　　　　　　］　女の子［　　　　　　　］

5 白と黒のご石を，下のようにならべます。(50点/1つ10点)

○ ○ ○ ● ○ ○ ○ ● ○ ○ ○ ● ……
1　2　3　4　5　6　7　8　9　10　11　12 ……

✏️(1) ご石のならび方には，どんなきまりがありますか。

〔　　　　　　　　　　　　　　　　　　　　〕

(2) 13番目のご石の色は何ですか。

〔　　　　　　　　〕

(3) 16番目のご石の色は何ですか。わり算の考え方を使って，答えなさい。

〔　　　　　　　　〕

(4) ご石を20番目までならべました。ご石は白と黒それぞれ何こならんでいますか。

白〔　　　　　　　〕　黒〔　　　　　　　〕

(5) 黒いご石の10こ目までならべました。ご石は全部で何こならんでいますか。

〔　　　　　　　　〕

19 いろいろな問題 ③

学習の
ねらい

- ✓ 物が同じ間をあけてならんだ場面について考えます。
- ✓ 図を使って，間の数について考えます。
- ✓ 一列にならんだ場合と，円形にならんだ場合のちがいを知ります。

ステップ 1

1 5本の木を，2mごとに一列にならべて植えました。

(1) 木と木の間の数はいくつありますか。

〔　　　　　　　　〕

(2) 両はしの木の間は何mはなれていますか。
（式）

答え〔　　　　　　　　〕

2 はたを2mごとに一列に立てます。両はしのはたの間は10mはなします。

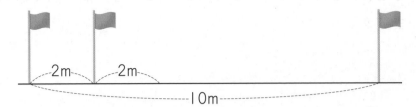

(1) はたとはたの間の数はいくつになりますか。
（式）

答え〔　　　　　　　　〕

(2) はたは全部で何本いりますか。
（式）

答え〔　　　　　　　　〕

3 まるい形の池のまわりに，8本の木を10mごとに植えました。

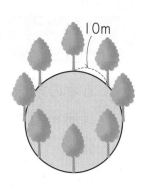

(1) 木と木の間の数はいくつありますか。

　　　〔　　　　　　　　　〕

(2) 池のまわりの長さは何mですか。
　　（式）

　　　　　　答え〔　　　　　　　　　〕

4 まわりの長さが100mある，まるい形をした池があります。池のまわりに，10mごとに木を植えることにします。

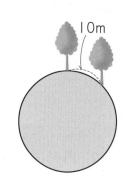

(1) 木と木の間の数はいくつになりますか。
　　（式）

　　　　　答え〔　　　　　　　　　〕

(2) 木は全部で何本いりますか。

　　　　　　〔　　　　　　　　　〕

5 長さ10mのテープを，2mずつ切り分けます。

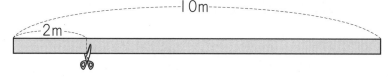

(1) 2mのテープが何本できますか。
　　（式）

　　　　　　答え〔　　　　　　　　　〕

(2) 切る回数は何回ですか。
　　（式）

　　　　　　答え〔　　　　　　　　　〕

19 いろいろな問題 ③

ステップ**2**

⏰ 時 間 30分　🖊 とく点

👍 合かく80点　　　点

1 6本の木を，8mごとに一列にならべて植えました。両はしの木の間は何mはなれていますか。（10点）

（式）

答え [　　　　　　　　]

2 7人の子どもが3mずつはなれてならびます。（20点/1つ10点）

(1) 一列にならぶと，両はしの子どもの間は何mはなれますか。

（式）

答え [　　　　　　　　]

(2) 円形にならぶと，円のまわりの長さは何mになりますか。

（式）

答え [　　　　　　　　]

3 まるい形の池のまわりに，電とうを10mごとに12本立てました。池のまわりの長さは何mですか。（10点）

（式）

答え [　　　　　　　　]

4 まわりの長さが42mある，まるい形をした花だんがあります。花だんのまわりに7mごとに，くいを打つことにしました。くいは何本いりますか。（10点）

（式）

答え [　　　　　　　　]

5 長さ 16 cm のロールケーキを，2 cm ずつに切り分けます。何回切れ
ばよいですか。(10点)

(式)

答え [   ]

6 先生が 2 人，40 m はなれて立っています。その間に，子どもが 4 人
立ちます。となりの人との間がどこも同じ長さになるようにするには，
何 m ごとに立てばよいですか。(10点)

(式)

答え [   ]

7 5秒ごとにつく豆電球があります。さいしょについてから 8 回目がつ
くまでの時間は何秒ですか。(15点)

(式)

答え [   ]

8 花かざりを 90 こつくります。10 こつくるたびに 1 回休けいします。
休けいは何回とることになりますか。(15点)

(式)

答え [   ]

1 1本70円のえん筆を3本と，1本130円のボールペンを3本買います。(20点/1つ10点)

(1) 代金はあわせて何円ですか。えん筆1本とボールペン1本を1組とみる考え方を1つの式に表して，もとめなさい。

(式)

答え [　　　　　　　　]

(2) ボールペンの代金の合計とえん筆の代金の合計のちがいは何円ですか。それぞれの代金をべつべつに計算する考え方を1つの式に表して，もとめなさい。

(式)

答え [　　　　　　　　]

2 一本の道にそって，30mごとに木がならんでいます。1本目から10本目まで走ると，何m走ったことになりますか。(10点)

(式)

答え [　　　　　　　　]

3 電柱が8mごとに一列にならんでいます。両はしの電柱の間は80mはなれています。電柱は全部で何本ありますか。(10点)

(式)

答え [　　　　　　　　]

4 まるい形の池のまわりに，さくらの木を 24 m ごとに 8 本植えます。

(30 点/1 つ 15 点)

(1) 池のまわりの長さは何 m ですか。

（式）

答え [　　　　　　　　]

(2) さくらの木と木の間に，2 本ずついちょうの木を植えることにします。いちょうの木は何本いりますか。

（式）

答え [　　　　　　　　]

5 50 このボールに，1～50 の番号が 1 つずつ書かれています。このボールを右の図のように，番号のじゅんにたなにならべます。 (30 点/1 つ 10 点)

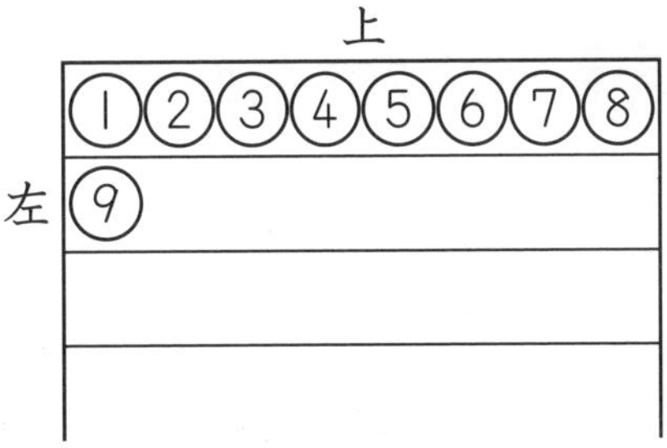

```
           上
┌─────────────────────┐
│①②③④⑤⑥⑦⑧│
左│⑨              │
│                     │
│                     │
└─────────────────────┘
```

(1) 24 番のボールのいちは，上から何だん目の左から何こ目ですか。

[　　　　　　　　]

(2) 50 番のボールのいちは，上から何だん目の左から何こ目ですか。

[　　　　　　　　]

(3) 上から 5 だん目の左から 3 こ目のボールの番号は，いくつですか。

[　　　　　　　　]

そうふく習テスト①

⏰時間 25分　　✏とく点

👍合かく80点　　　　　　点

1 ある町に住んでいる人の数は，10万人より890人多いそうです。何人ですか。数字で書きなさい。(10点)

〔　　　　　　　　　　　　〕

2 5000円持っています。2698円のかばんを買うと，のこりは何円になりますか。(10点)

(式)

答え〔　　　　　　　　　　〕

3 1こ205円のケーキを54こ買うと，代金は何円になりますか。

(10点)

(式)

答え〔　　　　　　　　　　〕

4 みかんが54こあります。9人で同じ数ずつ分けると，1人分は何こになりますか。(10点)

(式)

答え〔　　　　　　　　　　〕

5 チョコレートが60こあります。1人に7こずつ配ると，何人に配れて，何こあまりますか。(10点)

(式)

答え〔　　　　　　　　　　〕

6 シールを，さつきさんは 32 まい，ななみさんは 8 まい持っています。さつきさんのシールの数は，ななみさんの何倍ですか。(10点)

(式)

答え〔　　　　　　　〕

7 右の正三角形のまわりの長さは 1m です。この 1 辺の長さは何 m ですか。分数で表しなさい。(10点)

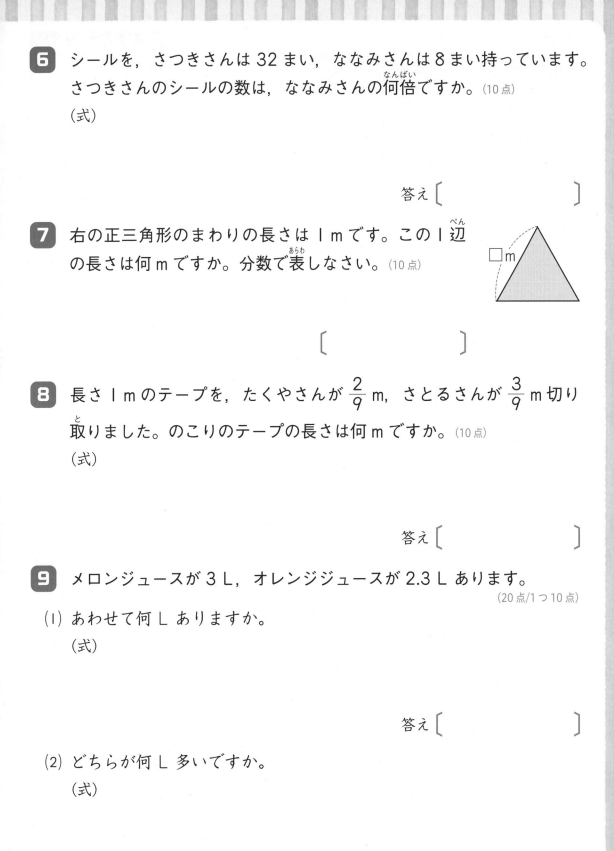

□m

〔　　　　　　　〕

8 長さ 1m のテープを，たくやさんが $\frac{2}{9}$ m，さとるさんが $\frac{3}{9}$ m 切り取りました。のこりのテープの長さは何 m ですか。(10点)

(式)

答え〔　　　　　　　〕

9 メロンジュースが 3L，オレンジジュースが 2.3L あります。

(20点/1つ10点)

(1) あわせて何 L ありますか。

(式)

答え〔　　　　　　　〕

(2) どちらが何 L 多いですか。

(式)

答え〔　　　　　　　〕

 そうふく習テスト②

⏰時 間 35分　✏とく点

👍合かく80点　　　点

1 □にあてはまる数を書きなさい。(10点/1つ1点)

(1) 1 km = ☐ m

(2) 1 m = ☐ cm

(3) 1 cm = ☐ mm

(4) 1 L = ☐ dL

(5) 1 L = ☐ mL

(6) 1 dL = ☐ mL

(7) 1 t = ☐ kg

(8) 1 kg = ☐ g

(9) 1 時間 = ☐ 分

(10) 1 分 = ☐ 秒（びょう）

2 右の絵地図を見て、答えなさい。

(10点/1つ5点)

(1) 駅（えき）から遊園地（ゆうえんち）までの道のりは何 km 何 m ですか。

(式)

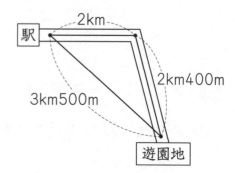

駅　2km

2km400m

3km500m

遊園地

答え [　　　　　　　]

(2) 駅から遊園地までの道のりときょりのちがいは、何 m ですか。

(式)

答え [　　　　　　　]

3 重さ 300 g のかごに，1本 15 g のボールペンを 48 本入れました。全体の重さは何 kg 何 g になりますか。(10点)

（式）

答え〔　　　　　　　〕

4 家を午前 11 時 45 分に出て，おばあさんの家に午後 1 時 20 分に着きました。かかった時間は，何時間何分ですか。(10点)

〔　　　　　　　〕

5 右の図のように，たて 36 cm の長方形の中に，同じ大きさの円が 6 つぴったりならんでいます。円の半径と，長方形の横の長さをそれぞれもとめなさい。(10点)

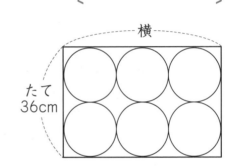

半径〔　　　　　〕　横の長さ〔　　　　　〕

6 右のぼうグラフを見て答えなさい。(10点/1つ5点)

(1) たての 1 目もりは何 m を表していますか。

〔　　　　　　　〕

(2) ぼうが表す大きさは何 m ですか。

〔　　　　　　　〕

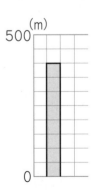

7 大，中，小の3つのバケツがあります。小のバケツには水が4L入ります。中のバケツには小のバケツの3倍，大のバケツには中のバケツの2倍入ります。大のバケツには水が何L入りますか。(10点)

(式)

答え〔　　　　　　　　　〕

8 1たばに20まいずつ入った色紙が，4たばあります。この色紙を1人に8まいずつ分けると，何人に分けられますか。(10点)

(式)

答え〔　　　　　　　　　〕

9 1こ80円のりんごを6こと，1こ60円のみかんを8こ買います。代金はあわせて何円ですか。(10点)

(式)

答え〔　　　　　　　　　〕

10 長さ20cmのテープ2本を，下の図のように何cmか重ねてつなぐと，全体の長さは38cmになりました。重ねた部分の長さは何cmですか。(10点)

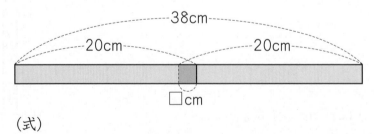

(式)

答え〔　　　　　　　　　〕

標準問題集

小3

文章題・図形

答え

のふく習① 　2〜3 ページ

1 (1) 253 点
(2) 307 点
(3) だいすけさん

2
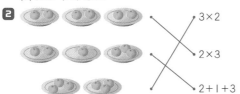
3×2
2×3
2+1+3

3 (式) 68+72＝140 　(答え) 140 人
4 (式) 105−36＝69 　(答え) 69 まい
5 (式) 6×4＝24 　(答え) 24 こ
6 (式) 8×9＝72 　(答え) 72 こ
7 (式) 5×8＝40 　9×7＝63
　　　40+63＝103 　(答え) 103 円

とき方

1 (1) 100 点を 2 こと，10 点を 5 こと，1 点を 3 こあわせたとく点です。

百	十	一
2	5	3

(2) 100 点を 3 こと，1 点を 7 こあわせたとく点です。

百	十	一
3	0	7

└─十の位に 0 を書きます。

(3) 253 より 307 のほうが大きいので，だいすけさんが勝ちです。

2 同じ数のまとまりがいくつかある場面は，かけ算の式「1つ分の数×いくつ分」で全部の数をもとめます。

 は，2こずつ3皿分なので，2×3 となります。

 は，3こずつ2皿分なので，3×2 となります。

また，　　　　　　は，同じ数ずつではないので，たし算になります。

3 男子　68人　女子　72人
みんな□人

4 はじめ 105まい
使った 36まい　のこり□まい

5 かけられる数＝6
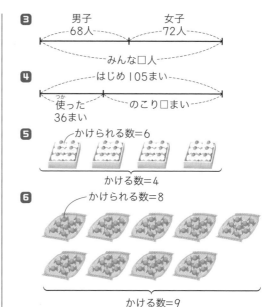
かける数＝4

6 かけられる数＝8
かける数＝9

7 ＜手じゅん＞
① 1まい5円のおり紙8まい分の代金をもとめる。
② 1まい9円の画用紙7まい分の代金をもとめる。
③ ①と②をたす。

のふく習② 　4〜5 ページ

1 (式) 18 cm+26 cm＝44 cm
(答え) 44 cm
2 (式) 1 m 20 cm−95 cm＝25 cm
(答え) 25 cm
3 (式) 1 L−700 mL＝300 mL
(答え) 300 mL
4 (式) 2×6＝12 　12 dL＝1 L 2 dL
(答え) 1 L 2 dL
5 午前 8 時 10 分
6 3 時間
7 (式) 8×4＝32 　(答え) 32 cm
8 ねん土玉 8 こ
ひご 10 cm のひごが 4 本
　　　5 cm のひごが 8 本

1 「全体の長さ」なので, 赤いテープと白いテープの長さをたします。

2
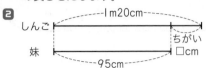

1 m=100 cm です。
1 m 20 cm−95 cm=120 cm−95 cm
　　　　　　　　=25 cm

3
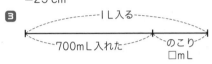

1 L=1000 mL です。
1 L−700 mL=1000 mL−700 mL
　　　　　　　=300 mL

4 1 L=10 dL です。

5 午前 8 時 40 分の 30 分前の時こくをもとめます。
午前 8 時 40 分−30 分=午前 8 時 10 分

6 図に表すと, つぎのようになります。
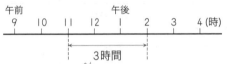
3時間

7 正方形は 4 つの辺の長さが同じなので, まわりの長さは, 8 cm×4 です。

8 箱は, 下の図のようになります。
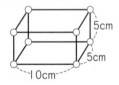

1 大きい数のしくみ

ステップ1　　　　6〜7 ページ

1 (1) 2000　(2) 8000　(3) 42　(4) 420000
　(5) 4200

2 ㋐ 7000 万　㋑ 8900 万　㋒ 1 億

3 (1) <　(2) >

4 (式) 75×100=7500
　(答え) 7500 円

---

5 (式) 180×1000=180000
　(答え) 180000 円

6 (式) 2 万+4 万=6 万
　(答え) 6 万円

7 (1)(式) 15 万+17 万=32 万
　(答え) 32 万人
　(2)(式) 17 万−15 万=2 万
　(答え) 2 万人

1 (2) 1 目もりが 1000 の数直線で考えます。
　42000 は 50000 より 8 目もり左の数です。

8000

(3) 右のような, 位をそろえた表を使って考えると, べんりです。

42	000
1	000

(4), (5)

十万	一万	千	百	十	一	
4	2	0	0	0	0	10倍
	4	2	0	0	0	10で
		4	2	0	0	わる

2 大きな 1 目もり, 小さな 1 目もりがいくつを表すか考えます。
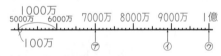

3 (1) 上の位の数字からくらべます。
(2) けた数のちがいに注意します。
　けた数の多い数のほうが, 大きい数です。

4 100 倍するので, 75 の右はしに 0 を 2 こつけた数になります。

5 1000 倍するので, 180 の右はしに 0 を 3 こつけた数になります。

6
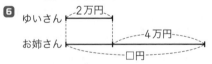

7 (1)
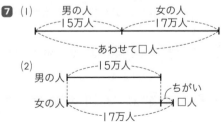

❶ (1) 43058917　(2) 98765432
　(3) 10234567　(4) 698754
❷ (1) いちばん小さい1目もり 1万
　　⑦ 25万
　(2) いちばん小さい1目もり 1000
　　⑦ 11万5000
❸ (式) 20600×10=206000
　(答え) 206000円
❹ (式) 500×100=50000
　(答え) 50000円
❺ 15000こ
❻ 2000万円
❼ できる

とき方
❶ (1)

千万	百万	十万	万	千	百	十	一
4	3	0	5	8	9	1	7

　十万の位の0をわすれずに書きます。
　(2) 上の位からじゅんに大きな数をならべます。
　(3) いちばん上の位に0はおけません。1の次に
　　0，その次に2と，じゅんに小さい数をなら
　　べます。
　(4) 6を2回使わないように注意します。

❷ (1)

　(2)

❸ 10倍するので，20600の右はしに0を1つつ
　け数になります。
❹ 100倍するので，500の右はしに0を2こつ
　け数になります。
❺ 1000が10こで10000
　　1000が　5こで　5000
　　合わせて　　　　15000
❻ 1万円さつが8000
　まいで8000万円で
　す。

❼ 代金と25000円をくらべます。
　代金は，16000+8000=24000
　24000は25000より小さい数だから買えま
　す。

---

2 たし算の文章題

❶ (式) 215+324=539
　(答え) 539円
```
  215
+ 324
  539
```

❷ (式) 356+578=934
　(答え) 934円
```
  11
  356
+ 578
  934
```

❸ (式) 908+95=1003
　(答え) 1003円
```
   11
  908
+  95
 1003
```

❹ (式) 1564+2636=4200
　(答え) 4200円
```
  111
  1564
+ 2636
  4200
```

❺ (式) 360+250=610　(答え) 610円
❻ (式) 991+9=1000　(答え) 1000まい
❼ (式) 926+99=1025　(答え) 1025人
❽ (式) 728+272=1000　(答え) 1000円

とき方
❶ 筆算でもとめます。一の位からじゅんに位ごと
　に計算します。
❷ くり上がりがあります。くり上げた1を小さく
　書いておくとよいでしょう。
❸ けた数がことなる2つの数のたし算です。位を
　そろえて筆算をします。
❹ けた数が多くなっても計算のしかたは同じです。
❺ 「代金」とは，買い物の合計金
　がくのことなので，たし算でも
　とめます。
```
  1
  360
+ 250
  610
```

❻
はじめの数	+	ふえた数	=	全部の数

```
  11
  991
+   9
 1000
```

❼ 数の多い少ないをくらべた場面
　のテープ図は，上下にそろえて
　かくと，わかりやすいです。
```
  11
  926
+  99
 1025
```

少ないほうの数	+	ちがいの数	=	多いほうの数

❽ テープ図の全体にあたる数は部
　分の数をたしてもとめます。
```
  11
  728
+ 272
 1000
```

```
        全体
        □円
┌──────────┬──────────┐
│          │          │
└──────────┴──────────┘
   728円        272円
    部分         部分
```

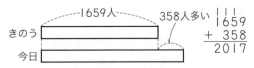

ステップ2 　　　　　　12～13 ページ

❶ （式）270＋390＝660　　（答え）660 円

❷ （式）185＋179＝364　　（答え）364 人

❸ （式）208＋598＝806　　（答え）806 円

❹ （式）64＋236＝300　　（答え）300 まい

❺ （式）5980＋1800＝7780
　　（答え）7780 円

❻ （式）756＋250＝1006
　　（答え）1006 円

❼ （式）1659＋358＝2017
　　（答え）2017 人

❽ （式）380＋820＝1200
　　（答え）1200 円

❾ （式）83＋157＝240
　　（答え）240 ページ

❿ （式）658＋62＝720
　　（答え）720 本

とき方

❶
あつし　　お兄さん
270円　　390円
あわせて□円
```
  1
  270
+ 390
  660
```

❷
男の子　　女の子
185人　　179人
あわせて□人
```
  1 1
  185
+ 179
  364
```

❸ ノート208円　筆箱598円
代金□円
```
  1 1
  208
+ 598
  806
```

❹
赤　　　　白
64まい　　236まい
あわせて□まい
```
    1
    64
+ 236
  300
```
位をそろえて筆算をします。

❺
服　　　　かばん
5980円　　1800円
代金□円
```
   1
  5980
+ 1800
  7780
```

❻ 11 ページ❻と同じ，「ふえた場面」の問題です。
はじめ756円　250円入れる
全部で□円
```
   1
   756
+ 250
  1006
```

❼ 11 ページ❼と同じ，「多いほうの数」をもとめる問題です。

1659人　358人多い
きのう
今日
```
  1 1 1
  1659
+  358
  2017
```

❽ 問題文からロールケーキのほうが高いことが読みとれるかがポイントとなります。

チョコレートケーキ　380円
ロールケーキ　820円高い
```
    1
    380
+  820
  1200
```
ロールケーキのほうが高いので，たし算になります。

❾
読んだ　　のこり157ページ
83ページ
全部で□ページ
```
   1 1
    83
+ 157
  240
```

❿
658人
658本　62本あまり
人
えん筆
```
   1 1
   658
+   62
   720
```
用意していたえん筆の数は，配った数とあまった数をたした数です。

---

3 ひき算の文章題

ステップ1 　　　　　　14～15 ページ

❶ （式）367－153＝214
　　（答え）214 円
```
  367
- 153
  214
```

❷ （式）825－576＝249
　　（答え）249 円
```
  7 1
  8 2 5
- 5 7 6
  2 4 9
```

❸ （式）604－439＝165
　　（答え）165 円
```
  5 9
  6 0 4
- 4 3 9
  1 6 5
```

❹ （式）5000－3852＝1148
　　（答え）1148 円
```
  4 9 9
  5 0 0 0
- 3 8 5 2
  1 1 4 8
```

❺ （式）360－190＝170
　　（答え）170 人

❻ （式）455－369＝86
　　（答え）86 まい

❼ （式）200－42＝158
　　（答え）158 円

❽ （式）1500－425＝1075
　　（答え）1075 円

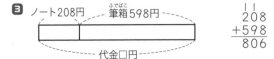

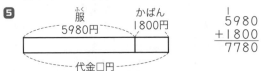

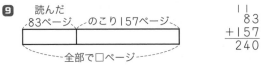
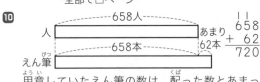

とき方

① 「のこり」なので，ひき算になります。
筆算でもとめます。一の位からじゅんに位ごとに計算します。

② くり下がりがあります。
答えのたしかめは，249+576=825 です。

③ 一の位の計算のとき，十の位が0なので，百の位からくり下げます。

④ けた数が多くなっても計算のしかたは同じです。

⑤ テープ図の部分にあたる数をもとめるので，ひき算をします。

$$\begin{array}{r} {\scriptstyle 2} \\ 3\cancel{6}0 \\ -190 \\ \hline 170 \end{array}$$

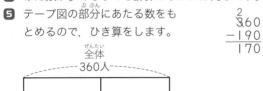

⑥
$$\begin{array}{r} {\scriptstyle 3\ 4} \\ 4\cancel{5}5 \\ -369 \\ \hline 86 \end{array}$$

| 多い ほうの数 | − | 少ない ほうの数 | = | ちがい の数 |

⑦
$$\begin{array}{r} {\scriptstyle 1\ 9} \\ 2\cancel{0}0 \\ -\ \ 42 \\ \hline 158 \end{array}$$

| 多い ほうの数 | − | ちがい の数 | = | 少ない ほうの数 |

⑧
$$\begin{array}{r} {\scriptstyle 4\ 9} \\ 15\cancel{0}0 \\ -\ 425 \\ \hline 1075 \end{array}$$

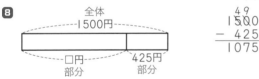

テープ図の部分にあたる数をもとめるので，ひき算をします。

ステップ2　　16〜17ページ

① （式）450−180=270　（答え）270 まい
② （式）340−165=175
　（答え）175 ページ
③ （式）500−428=72　（答え）72 円
④ （式）205−8=197　（答え）197 まい
⑤ （式）1528−859=669　（答え）669 人
⑥ （式）400−295=105　（答え）105 点
⑦ （式）502−46=456　（答え）456 人
⑧ （式）1200−250=950　（答え）950 円
⑨ （式）1000−110=890　（答え）890 羽
⑩ （式）2200−1980=220　（答え）220 円

とき方

①
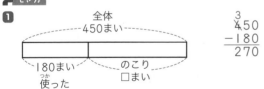
$$\begin{array}{r} {\scriptstyle 3} \\ 4\cancel{5}0 \\ -180 \\ \hline 270 \end{array}$$

②
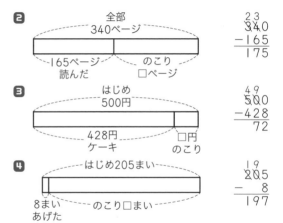
$$\begin{array}{r} {\scriptstyle 2\ 3} \\ 3\cancel{4}0 \\ -165 \\ \hline 175 \end{array}$$

③
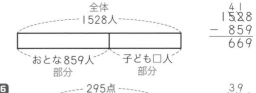
$$\begin{array}{r} {\scriptstyle 4\ 9} \\ 5\cancel{0}0 \\ -428 \\ \hline 72 \end{array}$$

④
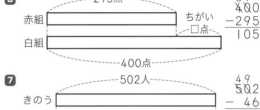
$$\begin{array}{r} {\scriptstyle 1\ 9} \\ 2\cancel{0}5 \\ -\ \ \ 8 \\ \hline 197 \end{array}$$

⑤ 子どもの数は，テープ図では部分にあたります。

$$\begin{array}{r} {\scriptstyle 4\ 1} \\ 15\cancel{2}8 \\ -\ 859 \\ \hline 669 \end{array}$$

⑥
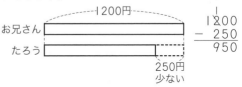
$$\begin{array}{r} {\scriptstyle 3\ 9} \\ 4\cancel{0}0 \\ -295 \\ \hline 105 \end{array}$$

⑦
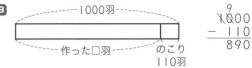
$$\begin{array}{r} {\scriptstyle 4\ 9} \\ 5\cancel{0}2 \\ -\ \ 46 \\ \hline 456 \end{array}$$

少ないほうの数をもとめます。

⑧ たろうさんは，お兄さんより 250 円少ないことになります。

$$\begin{array}{r} {\scriptstyle 1} \\ 12\cancel{0}0 \\ -\ 250 \\ \hline 950 \end{array}$$

⑨

$$\begin{array}{r} {\scriptstyle 9} \\ 1\cancel{0}00 \\ -\ 110 \\ \hline 890 \end{array}$$

⑩
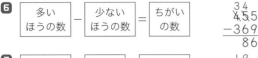
$$\begin{array}{r} {\scriptstyle 1\ 1} \\ 22\cancel{0}0 \\ -1980 \\ \hline 220 \end{array}$$

> **ここに注意**　答えをもとめたら，たしかめをしましょう。

5

❶ (1)(式) 98＋207＝305　　(答え) 305 人

　(2)(式) 207－98＝109　　(答え) 109 人

❷ (式) 1000－(75＋528)＝397

(答え) 397 円

式は下のように書いてもよいです。

(式①) 75＋528＝603

　　　1000－603＝397

(式②) 1000－75－528＝397

❸ (式) 5000－4899＝101

(答え) 101 人

❹ (式) 840＋660＝1500

(答え) 1500 mL

❺ (式) 35 万－26 万＝9 万

(答え) 東町が 9 万人多い。

❻ (式) 1 億＝10000 万

　　　10000 万－7500 万＝2500 万

(答え) 2500 万人

❼ 723000 円

❽ (1)㋐ 49876　　㋑ 50123

　(2)㋑

　(3)(れい) 50000－49876＝124，

　　　　　50123－50000＝123 なので，

　　　　　50123 のほうが 5 万に近いよ。

🧑‍🏫 とき方

❶ あわせた数はたし算，ちがいの数はひき算でもとめます。計算ミスにも注意しなければなりません。答えのたしかめをしましょう。

(1)　　　　　(たしかめ)

$$\begin{array}{r}98\\+207\\\hline305\end{array}\quad\begin{array}{r}207\\+98\\\hline305\end{array}$$

たされる数とたす数を入れかえて計算しても，答えは同じになります。

(2)　　　　　(たしかめ)

$$\begin{array}{r}207\\-98\\\hline109\end{array}\quad\begin{array}{r}109\\+98\\\hline207\end{array}$$

ひき算の答えにひく数をたすと，ひかれる数になります。

❷

$$\begin{array}{r}75\\+528\\\hline603\end{array}\qquad\begin{array}{r}1000\\-603\\\hline397\end{array}$$

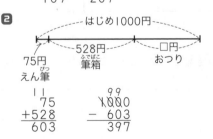

❸

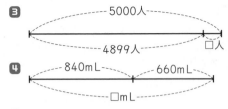

❹

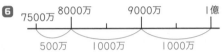

❺ 26 より 35 のほうが大きいので，26 万人の西町より 35 万人の東町のほうが多いことがわかります。

35－26＝9 なので，35 万人－26 万人＝9 万人です。

❻

❼ 10000 が 70 こで 700000

　 1000 が 23 こで　 23000

あわせて　　　　　 723000

❽ (1)㋐ 5 万に近くて 5 万よりも小さい数なので，一万の位は 4 になります。あとは千の位までのいちばん大きい数をつくります。大きい数は，千，百，十，一の位のじゅんに大きい数字を使います。

　㋑ 5 万に近くて 5 万よりも大きい数なので，一万の位は 5 になります。あとは千の位までのいちばん小さい数をつくります。小さい数は千，百，十，一の位のじゅんに小さい数字を使います。

(2)(3)㋐━━━━━5万━━━━━㋑

5 万までの数が小さいほうが，近い数です。

4 かけ算の文章題 ①

❶ (式) 10×8＝80　　(答え) 80 円

❷ (1)(式) 6×10＝60　　(答え) 60 円

　(2)(式) 6×0＝0　　(答え) 0 円

❸ (式) 30×5＝150　　(答え) 150 円

❹ (式) 200×4＝800　　(答え) 800 円

❺ (式) 12×6＝72　　(答え) 72 こ

❻ (式) 24×5＝120　　(答え) 120 本

❼ (式) 148×4＝592　　(答え) 592 円

❽ (1)(式) (65×4)×2＝520

(答え) 520 円

(2)(式) 65×(4×2)=520
（答え）520 円

🙋 とき方

1 | 1このねだん | × | 買う数 | = | 代金 |
　　　 10　　　×　　 8
10 の 8 こ分だから,
10×8=10+10+10+10+10+10+10+10
=80

2 (1)6×10=10×6=60

　▶ここに注意 かけ算では，かけられる数と
かける数を入れかえても，答えは同じになりま
す。

(2)「1まいも買わない」ことから，買った数は
0まいと考えて，式に表します。

　▶ここに注意 どんな数に0をかけても，答
えは0です。また，0にどんな数をかけても，
答えは0です。

3 　3 ×5＝15
　　↓10倍　　↓10倍
　30×5＝150

　▶ここに注意 かけられる数が 10 倍になる
と，答えも 10 倍になります。

4 　2 ×4＝8
　　↓100倍　　↓100倍
　200×4＝800

　▶ここに注意 かけられる数が 100 倍にな
ると，答えも 100 倍になります。

5 6 | 1箱分の数 | × | 箱の数 | = | 全部の数 |

7 | 1さつのねだん | × | さっ数 | = | 代金 |

8 (1)
1箱のねだん
(65×4)×2=260×2=520

(2)
クッキーの数
65×(4×2)=65×8=520

　▶ここに注意 (1)の考え方でも，(2)の考え方
でも，答えは同じになります。場面や，計算の
しやすさを考えて，使い分けましょう。

ステップ**2**　　　　　　22〜23 ページ

1 (式) 20×3=60　(答え) 60 人
2 (式) 10×10=100　(答え) 100 きゃく
3 (式) 500×6=3000　(答え) 3000 円
4 (式) 95×8=760　(答え) 760 円
5 (式) 15×4=60　(答え) 60 cm
6 (式) 350×3=1050　(答え) 1050 mL
7 (式) 180×6=1080
　　　 1080 mL=1 L 80 mL
(答え) 1 L 80 mL
8 (式) 90×3=270　270 cm=2 m 70 cm
(答え) 2 m 70 cm
9 (式) 98×(5×2)=980
(答え) 980 円
10 (れい) 1こ 408 円のかんづめを 5 こ買い
ます。代金は何円ですか。

🙋 とき方

1 | グループの人数 | × | グループの数 | = | みんなの数 |

2 | 一列のいすの数 | × | 列の数 | = | 全部のいすの数 |

3 　5 ×6＝30
　　↓100倍　　↓100倍
　500×6＝3000

4 | 1 m のねだん | × | 長さ (m) | = | 代金 |

5 正方形は，4 つの辺の長さがみんな等しいので,
まわりの長さは，1 辺の長さの 4 つ分です。
| 1 辺の長さ | × | 辺の数 | = | まわりの長さ |

6 | 1本のかさ | × | 本数 | = | 全部のかさ |

7 全部のかさを mL のたんいでもとめてから，L
と mL のたんいに直します。
1000 mL＝1 L です。

8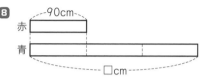
90 cm の 3 つ分の長さだから，かけ算でもとめ
ます。
100 cm＝1 m です。

9 1ふくろのねだんを先に考えて，(98×5)×2
とすることもできますが，5×2＝10 なので
98×(5×2) と計算するほうがかんたんです。

7

5 かけ算の文章題 ②

1 (式) 7×20=140　（答え）140 円

2 (式) 200×30=6000
（答え）6000 円

3 (式) 23×18=414
（答え）414 円

4 (式) 385×42=16170
（答え）16170 円

5 (1)(式)(98×12)×5=1176×5=5880
（答え）5880 円
(2)(式)98×(12×5)=98×60=5880
（答え）5880 円

6 (1)青いリボンの長さは，6×4=24
白いリボンの長さは，24×5=120
（答え）120 m

(2)

白いリボンの長さは，6×20=120
（答え）120 m

とき方

1 │1まいのねだん│×│まい数│=│代金│
　　　　7　　　×　　20
20=2×10 なので，7×20 は（7×2）を
10倍するともとめられます。
右はしに0を1つつけた数になります。
　　×2　　×10
7──→14──→140

2 │1このねだん│×│こ数│=│代金│
200×30=200×3×10 と考えます。
　　　×3　　×10
200──→600──→6000

3 │1このねだん│×│こ数│=│代金│
筆算で計算します。　　23
　　　　　　　　　　　×18
　　　　　　　　　　　184　　1けた
　　　　　　　　　　　23　←ずらして
　　　　　　　　　　　414　　書きます。

4 │1人分のお金│×│人数│=│集まるお金│
　　　　　　385
　　　　×　42
　　　　　770
　　　　1540
　　　16170

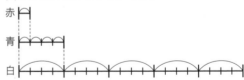
(2)

6 図にするとわかりやすいです。

1 (式) 9×30=270　（答え）270 円

2 (式) 5×40=200　（答え）200 人

3 (式) 12×28=336　（答え）336 本

4 (式) 25×42=1050　（答え）1050 まい

5 (式) 180×12=2160　（答え）2160 m

6 (式) 306×25=7650　（答え）7650 円

7 (式) 150×16=2400　（答え）2400 mL

8 (式) 58×34=1972
2000−1972=28　（答え）28 円

9 (式) 8×4×25=800
（答え）800 円

10 (式) 23×6×5=690
（答え）690 まい

とき方

1 │1まいのねだん│×│まい数│=│代金│

2 │1きゃくの人数│×│いすの数│=│全部の人数│
5×40=5×4×10 と考えます。
　　×4　　×10
5──→20──→200
0の数に注意します。

3 │1箱の本数│×│箱の数│=│全部の本数│

4 │1人のまい数│×│人数│=│全部のまい数│

5 │1しゅうの長さ│×│しゅう数│=│全部の長さ│

┌─ ここに注意 ─ 0をふくむ筆算　　　180
│は，位取りに注意がひつようです。　×　12
│「180×12 は 180×10，つまり　　　　360
│1800 より少し大きい数になるだ　　　180
│ろう。」と見当をつけておくと，ミスに気づき　2160
│やすくなります。
└─

8

6 $\boxed{1\text{ m のねだん}}\times\boxed{\text{m 数}}=\boxed{\text{代金}}$

7 $\boxed{1\text{ ぱいのかさ}}\times\boxed{\text{はい数}}=\boxed{\begin{array}{c}\text{はじめの}\\\text{ジュースのかさ}\end{array}}$

8 みかんの代金を計算し，2000 円からひきます。

$\boxed{1\text{ このねだん}}\times\boxed{\text{こ数}}=\boxed{\text{代金}}$

$\boxed{2000\text{円}}-\boxed{\text{代金}}=\boxed{\text{おつり}}$

9 この式の場合，4×25 を先に計算するほうが計算はかんたんになります。

8×4×25＝8×100＝800

10 図にするとわかりやすいです。

弟 ├┤ 23まい

ゆうと ├┼┼┼┼┼┤

お兄さん ├┼┼┼┼┼┼┼┼┼┼┼┼┼┼┼┼┼┼┼┼┼┼┼┼┼┼┼┼┤

ゆうとさんのまい数は，23×6＝138 まいです。
お兄さんのまい数は，138×5＝690 まいです。
1 つの式にまとめると，23×6×5 となるので，べつべつに計算するよりも，23×（6×5）＝23×30 と計算するほうがかんたんです。

---

6 わり算の文章題 ①

あまり

> **ここに注意** 答えは，下の計算でたしかめられます。
>
> 15÷6＝2 あまり3
>   ↓   ↓
>   6×2＋   3＝15
>
> $\boxed{\begin{array}{c}\text{分けた}\\\text{りんごの数}\end{array}}+\boxed{\begin{array}{c}\text{あまり}\\\text{の数}\end{array}}=\boxed{\text{全部の数}}$
>
> なので，6×2 が，分けたりんごの数です。

2 (1) $\boxed{\text{全部の数}}÷\boxed{\text{人数}}=\boxed{1\text{人分の数}}$

(2) $\boxed{\text{全部の数}}÷\boxed{1\text{人分の数}}=\boxed{\text{人数}}$

3 $\boxed{\text{全部の数}}÷\boxed{\text{人数}}=\boxed{1\text{人分の数}}$

4 $\boxed{\text{全部の数}}÷\boxed{1\text{人分の数}}=\boxed{\text{人数}}$

5 $\boxed{\text{全部の数}}÷\boxed{\text{人数}}=\boxed{1\text{人分の数}}…\boxed{\text{あまり}}$

6 答えのたしかめの式を使います。

$\boxed{\text{ある数}}÷4＝8\text{ あまり}1$

  4×8 ＋ 1＝$\boxed{\text{ある数}}$

7 何倍かをもとめることは，いくつ分かをもとめることと同じなので，わり算をします。

---

1 (1)(式) 15÷5＝3　（答え）3 こ

(2)(式) 15÷5＝3　（答え）3 人

(3)(式) 15÷6＝2 あまり 3
　（答え）2 人に分けられて，3 こあまる。

2 (1)(式) 8÷8＝1　（答え）1 こ

(2)(式) 8÷1＝8　（答え）8 人

3 (式) 24÷6＝4　（答え）4 まい

4 (式) 42÷7＝6　（答え）6 人

5 (式) 37÷5＝7 あまり 2
　（答え）1 人分は 7 こになって，2 こあまる。

6 (式) 4×8＋1＝33　（答え）33

7 (式) 27÷9＝3　（答え）3 倍

とき方

1 (1) $\boxed{\text{全部の数}}÷\boxed{\text{人数}}=\boxed{1\text{人分の数}}$

(2) $\boxed{\text{全部の数}}÷\boxed{1\text{人分の数}}=\boxed{\text{人数}}$

(3) 　 15 　÷ 　 6 　 ＝ 2 あまり 3
　　全部の　　1人分の　　人数　　あまった
　りんごの数　りんごの数　　　　りんごの数

　　　　　　　たんいがちがいます。

---

1 (式) 28÷4＝7　（答え）7 L

2 (式) 25÷6＝4 あまり 1
（答え）4 本できて，1 m あまる。

3 (式) 1 L 5 dL＝15 dL
　　　15÷2＝7 あまり 1
（答え）7 こできて，1 dL のこる。

4 (式) 20÷4＝5　（答え）5 倍

5 (式) 47÷5＝9 あまり 2　9＋1＝10
（答え）10 きゃく

6 (式) 21÷4＝5 あまり 1　5＋1＝6
（答え）6 台目

7 (式) 80÷9＝8 あまり 8　（答え）8 まい

8 (式) 30÷4＝7 あまり 2　（答え）7 まい

9 (式) 50÷8＝6 あまり 2　（答え）6 こ

10 (れい) 48 cm のリボンがあります。8 cm ずつ切ると，リボンは何本になりますか。

とき方

1 $\boxed{\text{全体のかさ}}÷\boxed{\text{こ数}}=\boxed{1\text{つ分のかさ}}$

2 全体の長さ÷１つ分の長さ＝本数…あまり

3 全体のかさ÷１つ分のかさ＝こ数…のこり
ＬをｄＬに直してから計算します。
１Ｌ＝10ｄＬです。

4 赤いテープの何こ分かを考えるので，
青いテープの長さ÷赤いテープの長さ
を計算します。

5 47÷5＝9 あまり2
5人ずつすわった長いすが9きゃくできて，2
人のこります。この2人がすわる長いすが1き
ゃくひつようなので，全部で10きゃくいりま
す。

6 5台目までに，4×5＝20（人）乗ります。あや
めさんは，その次のカートに乗ることになるの
で，6台目です。

あやめさん
○○○○ ○○○○ ○○○○ ○○○○ ○○○○ ○●○○○
1台目　2台目　3台目　4台目　5台目　6台目

7 持っている お金 ÷ 1まいの ねだん ＝ 買える まい数 … おつり

8まい買えて，8円のこります。のこった8円
で，色紙を買うことはできません。

8 全部の こ数 ÷ 1まい分の 画びょうの数 ＝ はれる まい数 … あまり

7まいはると，画びょうは2こしかのこりませ
ん。

9 全体の長さ ÷ 1こ分の 長さ ＝ できる こ数 … あまり

7 わり算の文章題 ②

ステップ **1**　　　32〜33 ページ

1 （式）80÷4＝20　（答え）20まい
2 （式）60÷2＝30　（答え）30人
3 （式）36÷3＝12　（答え）12まい
4 （式）84÷4＝21　（答え）21人
5 （式）90÷3＝30　（答え）30円
6 （式）99÷9＝11　（答え）11ふくろ
7 (1)（式）66÷6＝11　11×30＝330
　　（答え）330円
　(2)（式）30÷6＝5　66×5＝330
　　（答え）330円

とき方
1 全部の数÷人数＝1人分の数

10のまとまりで考えます。

2 全部の数÷1人分の数＝人数
60は10が6こだから，60÷2は10が(6÷2)
こ，つまり，10が3こで30です。

3
| 10 | 10 | 10 |　　　30÷3＝10
| 1 | 1 | 1 |
| 1 | 1 | 1 |　　　6÷3＝2

　　　　　　　　　10と2で12

4 80÷4＝20，4÷4＝1
20と1で21

5 全部のねだん÷こ数＝1こ分のねだん

6 全部の数 ÷ 1ふくろに 入れる数 ＝ できる ふくろの数

7 (1)では，あめ1このねだんをもとめてから，
30こ分の代金を計算します。
(2)では，何ふくろ買うかをもとめてから，
30こ分の代金を計算します。
どちらも，答えは同じになります。

ステップ **2**　　　34〜35 ページ

1 （式）80÷2＝40　（答え）40 cm
2 （式）96÷3＝32　（答え）32人
3 （式）90÷9＝10　（答え）10 m
4 （式）66÷6＝11　（答え）11本
5 （式）48÷4＝12　（答え）12きゃく
6 （式）39÷3＝13　（答え）13円
7 （式）88÷8＝11　11×40＝440
（答え）440円
8 （式）86÷2＝43　43×18＝774
（答え）774円
式は下のように書いてもよいです。
18÷2＝9　86×9＝774
9 （式）5×12＝60　60÷2＝30
（答え）30人
10 （式）3×22＝66　66÷6＝11
（答え）11日

とき方

❶ 半分に切るのは，２本に分けるのと同じことです。

［全体の長さ］÷［本数］=［１本分の長さ］

❷ ［全部のこ数］÷［１人分のこ数］=［人数］

❸ ［全体の長さ］÷［本数］=［１本分の長さ］

❹ ［全部のかさ］÷［１本分のかさ］=［本数］

❺ ［全員の人数］÷［１つ分の人数］=［長いすの数］

❻ ［全部のねだん］÷［まい数］=［１まいのねだん］

❼ ［１箱のねだん］÷［１箱のチョコレートの数］=［チョコレート１このねだん］

［チョコレート１このねだん］×［買うチョコレートの数］=［代金］

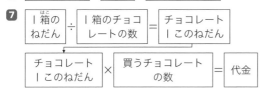

でもとめます。

また，先に買う箱の数をもとめる方法もあります。この場合のことばの式は，

［買うチョコレートの数］÷［１箱のチョコレートの数］=［買う箱の数］

［１箱のねだん］×［買う箱の数］=［代金］

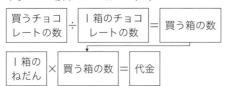

だから，式は，40÷8=5，88×5=440

となります。

❽ １mのねだんをもとめ，そこから18m分のねだんを計算します。

または，つぎのように，18mが２mの何こ分かをもとめ，そこから18m分のねだんを計算してもよいです。

18÷2=9　86×9=774

❾ 先に，全部のおまんじゅうの数をもとめてから，分ける計算をします。

❿ ［１日のページ数］×［日数］=［全部のページ数］

［全部のページ数］÷［１日のページ数］=［日数］

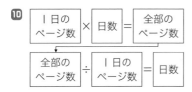

8 □を使った式

ステップ 1　36〜37ページ

❶ (1)□+9=30　(2)21

❷ (1)□−5=20　(2)25

❸ (1)□×5=30　(2)6

❹ (1)□÷4=6　(2)24

❺ (1)−　(2)+　(3)÷　(4)×

とき方

❶ ［はじめの数］+［もらった数］=［全部の数］

□　+　9　=　30

□は30より9小さい数です。

□=30−9　□=21

❷ ［はじめの数］−［使った数］=［のこりの数］

□　−　5　=　20

□は20より5大きい数です。

□=20+5　□=25

❸ ［１人分の数］×［人数］=［全部の数］

□　×　5　=　30

□は30を5等分した１つ分です。

□=30÷5　□=6

❹ ［全部の数］÷［人数］=［１人分の数］

□　÷　4　=　6

□は6ずつのまとまりの4つ分です。

□=6×4　□=24

❺

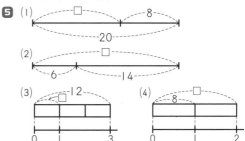

ステップ 2　38〜39ページ

❶ (1)□+6=14　(2)8

❷ (1)□−3=23　(2)26

❸ (1)500−□=180　(2)320

❹ (1)20+□=35　(2)15

❺ (1)□×8=48　(2)6

❻ (1)□÷5=4　(2)20

❼ (1)9×□=45　(2)5

❽ (1)□÷6=7　(2)42

とき方

❶

［持っていた数］+［もらった数］=［全部の数］

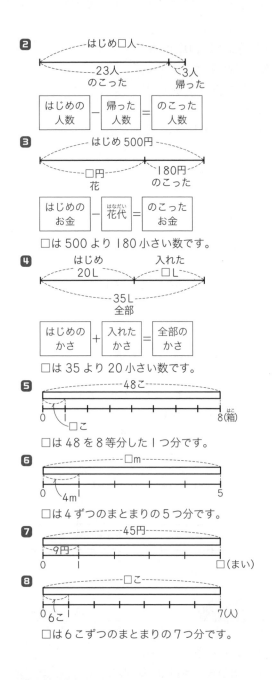

2

はじめ□人

23人 で3人
のこった 帰った

| はじめの 人数 | − | 帰った 人数 | = | のこった 人数 |

3

はじめ 500円

□円 180円
花 のこった

| はじめの お金 | − | 花代 | = | のこった お金 |

□は 500 より 180 小さい数です。

4

はじめ 20L　入れた □L

35L
全部

| はじめの かさ | + | 入れた かさ | = | 全部の かさ |

□は 35 より 20 小さい数です。

5

48こ

0 1 8(箱)
□こ

□は 48 を 8 等分した 1 つ分です。

6

□m

0 1 5
4m

□は 4 ずつのまとまりの 5 つ分です。

7

45円

9円
0 1 □(まい)

8

□こ

0 6こ 1 7(人)

□は 6 こずつのまとまりの 7 つ分です。

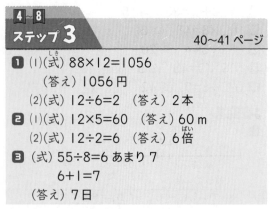

4~8
ステップ3　　　40~41 ページ

1 (1)(式) 88×12=1056
　　　(答え) 1056 円
　　(2)(式) 12÷6=2　(答え) 2 本
2 (1)(式) 12×5=60　(答え) 60 m
　　(2)(式) 12÷2=6　(答え) 6 倍
3 (式) 55÷8=6 あまり 7
　　　　6+1=7
　　(答え) 7 日

---

4 (式) 7×12=84　84÷4=21
　(答え) 21 人
5 (1) 25−□=19　(2) 6
6 (1)□+45 = 175　(2) 130
7 (1)□×3=24　(2) 8

とき方

1 下のことばの式にあてはめます。

(1)
| 1本の ねだん | × | 本数 | = | 代金 |

(2)
| 全体の 本数 | ÷ | 人数 | = | 1人分の 本数 |

2 (1)
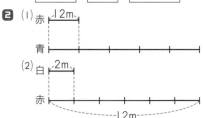
赤 12m

青

(2)
白 2m

赤

12m

ここに注意　ステップ3では，かけ算とわり算の問題がまじっていますので，どんな計算になるのかを，よく考えなければなりません。
たし算…「あわせた数」をもとめます。
ひき算…「のこりの数」や「ちがいの数」をもとめます。
かけ算…同じ数のまとまりが何こかある場面で，「全体の数」をもとめます。
わり算…全部の数を同じ数ずつ分ける場面で，「1つ分の数」や「いくつ分」をもとめます。

3

| 全部の 問題数 | ÷ | 1日にとく 問題数 | = | 日数 |

わり切れないときは，あまりの分の問題をとく日がひつようなので，1 をたします。

4 先に全部のドーナツの数をもとめます。
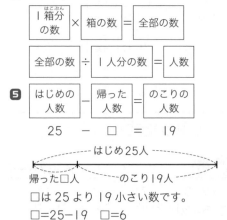
| 1箱分 の数 | × | 箱の数 | = | 全部の数 |

| 全部の数 | ÷ | 1人分の数 | = | 人数 |

5
| はじめの 人数 | − | 帰った 人数 | = | のこりの 人数 |
| 25 | − | □ | = | 19 |

はじめ25人

帰った□人　　のこり19人

□は 25 より 19 小さい数です。
□=25−19　□=6

6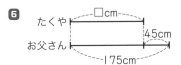

□は 175 より 45 小さい数です。

□=175−45　□=130

7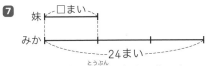

□は 24 を 3 等分した 1 つ分です。

□=24÷3　□=8

9　時こくと時間

ステップ1　42～43 ページ

1 9 時 10 分

2 8 時 30 分

3 50 分

4 1 時間 10 分

5 1 時間 30 分

6 1 分 30 秒

7 30 秒

8 50 秒

とき方

1 長いはりが 40 目もり進んだ時こくをもとめます。30 目もり進むと 9 時で，さらに 10 目もり進むので，9 時 10 分です。

2 長いはりが 50 目もりもどった時こくをもとめます。20 目もりもどると 9 時で，さらに 30 目もりもどるので，8 時 30 分です。

3 何目もり進むかを考えます。11 時で区切って考えるとわかりやすいです。

4 時間の計算も，「あわせる」ときはたし算です。

30 分+40 分=70 分で，

1 時間=60 分 だから，

70 分=60 分+10 分=1 時間 10 分

5 時間の計算も，右のように筆算ですることができます。

$$\begin{array}{r} 1\ 時間\ 10\ 分 \\ +\qquad\quad 20\ 分 \\ \hline 1\ 時間\ 30\ 分 \end{array}$$

6 40 秒+50 秒=90 秒で，

1 分=60 秒 だから，

90 秒=60 秒+30 秒=1 分 30 秒

7 時間の計算も，「ちがい」をもとめるときはひき算です。

55 秒−25 秒=30 秒

8 たんいを秒にそろえて計算します。

1 分 20 秒−30 秒

=80 秒−30 秒=50 秒

$$\begin{array}{r} 1\ 分\ \underset{}{80\ 秒}\\[-2pt] 1\ 分\ 20\ 秒\\ -\qquad\quad 30\ 秒 \\ \hline 50\ 秒 \end{array}$$

ステップ2　44～45 ページ

1 3 時 15 分

2 4 時 20 分

3 9 時 50 分

4 1 時 45 分

5 45 分

6 1 時間 15 分

7 2 時間 5 分

8 40 分

9 (1)6 分 10 秒　(2)20 秒

とき方

1 2 時 50 分の 25 分後の時こくをもとめます。

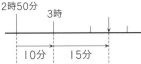

2 時 50 分+25 分=2 時 50 分+10 分+15 分

=3 時+15 分

2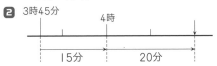

3 時 45 分+35 分=3 時 45 分+15 分+20 分

=4 時+20 分

3 10 時 8 分の 18 分前の時こくをもとめます。

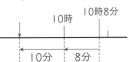

10 時 8 分−18 分=10 時 8 分−8 分−10 分

=10 時−10 分

4

2 時 10 分−25 分=2 時 10 分−10 分−15 分

=2 時−15 分

5 4 時 45 分から 5 時 30 分までの時間をもとめます。

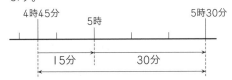

5時－4時45分＝15分
5時30分－5時＝30分
15分＋30分＝45分

6

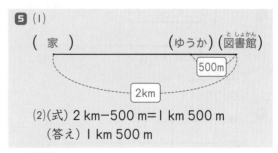

8時30分　　　9時　　　　　　　　9時45分

30分　　　　　45分

9時45分－9時＝45分
9時－8時30分＝30分
45分＋30分＝75分＝60分＋15分
＝1時間15分

7 35分＋1時間30分＝1時間 65分
＝2時間5分　　　　　　　1時間5分

8

1時間

国語20分　　　　算数□分

1時間－20分＝60分－20分
＝40分

9 (1)2分55秒＋3分15秒
＝5分70秒＝6分10秒
(2)3分15秒－2分55秒
＝2分75秒－2分55秒＝20秒

> **ここに注意** 時間を表すたんいには，時，
> 分，秒があります。60 ごとに 1 つ上のたんい
> にくり上げます。また，ひき算で上のたんいか
> らくり下げるときには，下のたんいに 60 をた
> します。

10 長 さ

ステップ**1**　　　　　46〜47 ページ

1 (1)900 m
(2)750 m
(3)(式)900 m－750 m＝150 m
(答え)道のりが 150 m 長い。
2 (1)1000　(2)2
(3)1539　(4)3, 600
(5)4070　(6)5, 8
3 (式)600 m＋700 m＝1 km 300 m
(答え)1 km 300 m
4 (式)1 km 200 m－800 m＝400 m
(答え)400 m

5 (1)
(家)　　　　　　　　(ゆうか)(図書館)

500m

2km

(2)(式)2 km－500 m＝1 km 500 m
(答え)1 km 500 m

とき方

1 道にそって
はかった長
さを道のり，
まっすぐに
はかった長
さをきょり
といいます。

きょり
750m

あやさんの家

900m
道のり

まみさんの家

2 1 km＝1000 m です。
右のような表を使うと
べんりです。

	km			m	
(2)	2	0	0	0	
(3)	1	5	3	9	
(4)	3	6	0	0	
(5)	4	0	7	0	
(6)	5	0	0	8	

3 あわせた長さをもとめるので，
600 m＋700 m＝1300 m ですが，「何 km 何 m」
と問われているので 1 km 300 m と答えます。
答えのたんいにも注意しましょう。
4 たんいを m にそろえてからひき算をします。
1 km 200 m－800 m
＝1200 m－800 m＝400 m
5 (1)全体が「家から図書館まで」の道のりです。
「あと 500 m」が部分になります。
(2)2 km－500 m＝1 km 1000 m－500 m
＝1 km 500 m

ステップ**2**　　　　　48〜49 ページ

1 (1)(式)300 m＋250 m＝550 m
(答え)550 m
(2)480 m
(3)(式)550 m－480 m＝70 m
(答え)道のりが 70 m 長い。
2 (1)(式)1 km 600 m＋900 m
＝2 km 500 m
(答え)2 km 500 m
(2)(式)1 km 600 m－900 m＝700 m
(答え)700 m

3 (式) 5 km−2 km 300 m=2 km 700 m
(答え) 2 km 700 m

4 (式) 1 km 800 m+250 m=2 km 50 m
(答え) 2 km 50 m

5 (式) 1 km 500 m+600 m=2 km 100 m
(答え) 2 km 100 m

6 (式) 2 km−500 m−550 m=950 m
(答え) 950 m

とき方

1 (1)道のりは，道にそってはかる長さです。
(2)きょりは，みなみさんの家と学校を直線でむすんだ長さです。

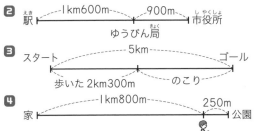
駅 ┣─1 km600m─┫─900m─┫ 市役所
　　　　　　ゆうびん局

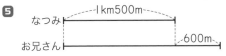
スタート ┣────5km────┫ ゴール
　　　　歩いた 2km300m　のこり

家 ┣──1 km800m──┫─250m─┫公園

5
なつみ ┣──1 km500m──┫
お兄さん ┣─────────┫─600m─┫

6
まこと
の家 ┣──────2km──────┫ たくや
　　 ┣500m┫─□m─┫─550m─┫ の家

式は，つぎのように2つに分けてもかまいません。

500 m+550 m=1 km 50 m
2 km−1 km 50 m=950 m
また，長さの計算も筆算ですることができます。

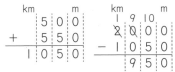

11 重 さ

ステップ1　　　50～51 ページ

1 (1) 1 kg　(2) 10 g　(3) 370 g

2 (1) 950 g　(2) 1450 g

3 (1) 1000　(2) 5000　(3) 3080　(4) 5, 6

4 (式) 200 g+700 g=900 g
(答え) 900 g

5 (式) 1 kg−150 g=850 g
(答え) 850 g

6 (式) 2 kg 500 g−1 kg 200 g
　　　=1 kg 300 g
(答え) 1 kg 300 g

とき方

1 (1)はかりは，はりが1まわりしたところまではかれます。0の下の文字が，1まわりしたときの重さです。
(2)100 gを10こに分けているので，1目もりは，100÷10=10(g)
(3)300 gから目もり7つ分の重さです。

2 (1)(2)1目もりは，10 gを表しています。

3 1 kg=1000 g，1 t=1000 kg です。
下のような表を使うとべんりです。

	t		kg			g		
(1)				1	0	0	0	
(2)	5	0	0	0				
(3)	3	0	8	0				
(4)				5	0	0	6	

答えるときは，5 kg 006 g ではなく，5 kg 6 g と書きます。

4 重さの計算でも，全体にあたる数りょうをもとめるときは，たし算をします。
かごの重さ＋みかんの重さ＝全体の重さ

5 線分図の部分にあたる数りょうをもとめるときは，ひき算をします。たんいを g にそろえてから計算します。
1 kg−150 g=1000 g−150 g=850 g

6 同じたんいどうしで計算します。筆算ですることもできます。

```
   kg    g
    2 5 0 0
 −  1 2 0 0
 ─────────
    1 3 0 0
```

ステップ2　　　52～53 ページ

1 (式) 100 g+800 g=900 g
(答え) 900 g

2 (式) 400 g+600 g=1 kg
(答え) 1 kg

3 (式) 1 kg 100 g−200 g=900 g
(答え) 900 g

4 (式) 28 kg−25 kg=3 kg
(答え) 3 kg

5 (式) 1 kg−50 g=950 g
(答え) 950 g

6 (式) 10 kg−4 kg 700 g=5 kg 300 g
(答え) 5 kg 300 g

7 （式）65 kg−26 kg=39 kg　（答え）39 kg

8 （式）1 kg 600 g+700 g=2 kg 300 g
　　（答え）2 kg 300 g

9 （式）4 t−2 t 600 kg=1 t 400 kg
　　（答え）1 t 400 kg

10 4 こ

とき方

1

全体の重さ	＝	入れものの重さ	＋	しおの重さ

2 答えのたんいにも注意がひつようです。
400 g+600 g=1000 g=1 kg

3
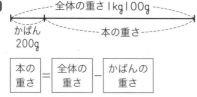

本の重さ	＝	全体の重さ	−	かばんの重さ

1 kg 100 g−200 g=1100 g−200 g
=900 g

4
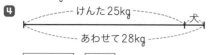

けんたの体重	＋	犬の体重	＝ 28 kg	より

犬の体重	＝ 28 kg−	けんたの体重

5
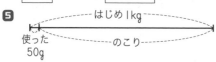

はじめの1 kg	＝	使った50 g	＋	のこり	より

のこり	＝	はじめの1 kg	−	使った50 g

1 kg−50 g=1000 g−50 g=950 g

6

はじめの10 kg	＝	使った重さ	＋	のこり4 kg 700 g	より

使った重さ	＝	はじめの10 kg	−	のこり4 kg 700 g

10 kg−4 kg 700 g
=9 kg 1000 g−4 kg 700 g
=5 kg 300 g

```
        kg      g
        9
      1 0  0  0  0
    −   4  7  0  0
        5  3  0  0
```

7
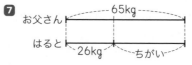

8

9
全部で4 t
つんだ2 t 600 kg　のこり

4 t−2 t 600 kg
=3 t 1000 kg−2 t 600 kg
=1 t 400 kg

10 ①は⑦の3こ分で，⑦は①と⑨をたしたものなので，⑦は⑨の4こ分となります。

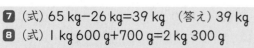

12 小 数

ステップ1　　　　　　　　54〜55 ページ

1 (1) 0.4 L　(2) 1.6 L

2 (1) 3，5　(2) 0.7
　(3) 4.6　(4) 8

3 (1) 0.1　(2) 0.8　(3) 1.3　(4) 2.1

4 (1) <　(2) >
　(3) <　(4) <

5 （式）0.5+0.3=0.8　（答え）0.8 L

6 （式）0.8+0.6=1.4　（答え）1.4 L

7 （式）2.6+1.2=3.8　（筆算）
（答え）3.8 L
```
   2.6
 + 1.2
   3.8
```

8 （式）3.5−1.3=2.2　（筆算）
（答え）2.2 L
```
   3.5
 − 1.3
   2.2
```

9 （式）3−1.8=1.2　（筆算）
（答え）1.2 L
```
   2
   3
 − 1.8
   1.2
```

とき方

1 1目もりは，1 Lを10等分しているので，0.1 Lです。

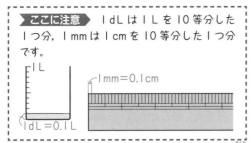

ここに注意 1dL は 1L を 10 等分した 1つ分，1mm は 1cm を 10 等分した 1つ分です。

❸ 1目もりは1を10等分しているので0.1を表します。

❹ 数字の大小をくらべるときは，上の位からじゅんばんに数字をくらべていきます。
(1)一の位は同じなので，0.1の位をくらべます。
(2)(3)(4)一の位をくらべます。

❺ 小数の場合も，整数の場合と同じように計算します。「あわせた」なので，たし算になります。筆算では，たてに位をそろえます。

$$\begin{array}{r} 0.5 \\ +0.3 \\ \hline 0.8 \end{array}$$

❻ 「あわせた」なので，たし算になります。くり上がりに注意します。

$$\begin{array}{r} 0.8 \\ +0.6 \\ \hline 1.4 \end{array}$$

❼ 「あわせた」なので，たし算になります。

❽ 「ちがい」なので，ひき算になります。大きいほうの数から小さいほうの数をひきます。

❾ 「飲む」とかさがへるので，ひき算になります。3は3.0と考えます。

ステップ 2　56〜57 ページ

❶ ウ→ア→イ

❷ (1)(式) 2.4+1.8=4.2 　(答え) 4.2 m
　(2)(式) 2.4−1.8=0.6 　(答え) 0.6 m

❸ (式) 13.6+0.2=13.8 　(答え) 13.8 m

❹ (式) 5−2.7=2.3 　(答え) 2.3 m

❺ (式) 5.7+3.3=9 　(答え) 9 km

❻ (式) 4.2+6=10.2 　(答え) 10.2 L

❼ (式) 1.2+8.8=10 　(答え) 10 kg

❽ (式) 25−23.5=1.5 　(答え) 1.5 kg

❾ (式) 1−0.2−0.1=0.7 　(答え) 0.7 L

とき方

❶ 同じたんいに直してくらべます。
　1.3 m＝130 cm です。

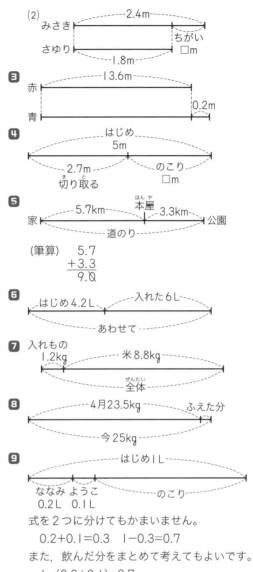

式を2つに分けてもかまいません。
　0.2+0.1=0.3　1−0.3=0.7
また，飲んだ分をまとめて考えてもよいです。
　1−(0.2+0.1)=0.7

13 分　数

ステップ 1　58〜59 ページ

❶ (1) $\frac{1}{3}$ m 　(2) $\frac{2}{5}$ m

❷ (1) $\frac{3}{4}$ L 　(2) $\frac{7}{10}$ L

❸ (1) $\frac{1}{5}$ 　(2) $\frac{4}{5}$ 　(3) $\frac{6}{5}$

❹ (1)＞ 　(2)＝ 　(3)＞

❺ (式) $\frac{2}{5}+\frac{1}{5}=\frac{3}{5}$ 　(答え) $\frac{3}{5}$ m

6 （式）$\frac{5}{6}-\frac{4}{6}=\frac{1}{6}$　（答え）$\frac{1}{6}$ m

7 （式）$1-\frac{1}{4}=\frac{3}{4}$　（答え）$\frac{3}{4}$ m

8 （式）$\frac{3}{7}+\frac{4}{7}=1$　（答え）1 m

とき方

1 分数で表すときは，何等分にしたいくつ分かを考えます。

$\frac{2}{5}$ …分子(いくつ分)
　…分母(何等分)

2 (1)4等分されています。
(2)10等分されています。

3 1目もりが1を5等分しているので分母は5です。

4 (1)分母が同じ分数では，分子が大きいほうが大きい分数です。

(2)1は，分子と分母が同じ分数に直して考えます。

$1=\frac{6}{6}$ と考えると，$\frac{6}{6}=\frac{6}{6}$

(3)分数と小数をくらべるときは，小数を分数に直してくらべます。分数を小数に直してもよいです。

ここに注意 0.1も $\frac{1}{10}$ も1を10等分した1つ分だから，$0.1=\frac{1}{10}$ です。

数直線上に表すと，下のようになります。

分数0　$\frac{1}{10}$ $\frac{2}{10}$ $\frac{3}{10}$ $\frac{4}{10}$ $\frac{5}{10}$ $\frac{6}{10}$ $\frac{7}{10}$ $\frac{8}{10}$ $\frac{9}{10}$ 1
小数0　0.1 0.2 0.3 0.4 0.5 0.6 0.7 0.8 0.9 1

5 「あわせた」なので，たし算になります。

6 **ここに注意** 分母が等しい分数どうしのたし算，ひき算は，分母はそのままで，分子どうしをたしたりひいたりします。

7 「切り取る」と長さが短くなるので，ひき算になります。

$1-\frac{1}{4}=\frac{4}{4}-\frac{1}{4}=\frac{3}{4}$
分母を同じにしてから計算します。

8
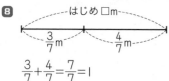
はじめ□m / $\frac{3}{7}$m / $\frac{4}{7}$m

$\frac{3}{7}+\frac{4}{7}=\frac{7}{7}=1$

1 （式）$\frac{1}{4}+\frac{2}{4}=\frac{3}{4}$　（答え）$\frac{3}{4}$ dL

2 （式）$\frac{8}{10}-\frac{5}{10}=\frac{3}{10}$
（答え）びんが $\frac{3}{10}$ L 多い。

3 （式）$\frac{8}{9}-\frac{2}{9}=\frac{6}{9}$　（答え）$\frac{6}{9}$ L

4 （式）$\frac{1}{8}+\frac{7}{8}=1$　（答え）1 kg

5 （式）$1-\frac{5}{7}=\frac{2}{7}$　（答え）$\frac{2}{7}$ kg

6 （式）$1-\frac{4}{9}-\frac{2}{9}=\frac{3}{9}$　（答え）$\frac{3}{9}$ まい分

7 （式）$\frac{5}{10}+\frac{4}{10}=\frac{9}{10}$　$1-\frac{9}{10}=\frac{1}{10}$
（答え）$\frac{1}{10}$ m

8 （式）$\frac{5}{8}+\frac{4}{8}=\frac{9}{8}$　$\frac{9}{8}-1=\frac{1}{8}$
（答え）$\frac{1}{8}$ L

9 （式）$0.1=\frac{1}{10}$　$\frac{6}{10}+\frac{1}{10}=\frac{7}{10}$
（答え）$\frac{7}{10}$ L

とき方

1 分数の場合も，「あわせた」はたし算になります。分母が同じ数なので，分子をたします。

2 まず，$\frac{8}{10}$ と $\frac{5}{10}$ の大小をくらべます。ちがいのかさは，大きいかさから小さいかさをひいてもとめます。

3 はじめ$\frac{8}{9}$ L
使った$\frac{2}{9}$ L　のこり

4 $\frac{1}{8}$ kg　　$\frac{7}{8}$ kg
全体

$\frac{8}{8}$ kg=1 kg です。

5 はじめ1kg
使った分　のこり$\frac{5}{7}$ kg

6 はじめ1まい
たけし　弟　のこり
$\frac{4}{9}$まい　$\frac{2}{9}$まい

7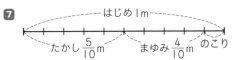

8

ポットからあふれたかさは，ポットに入るかさ
より多い分のかさです。

9 小数を分数に直してから計算します。

9～13

ステップ**3**

62～63 ページ

1 (1)(式) 250 g+100 g=350 g
　　（答え）350 g
　(2)(式) 500 g−100 g=400 g
　　（答え）400 g

2 (式) 0.6+1.5=2.1　（答え）2.1 kg

3 (式) 1−$\frac{7}{9}$=$\frac{2}{9}$　（答え）$\frac{2}{9}$ km

4 8時6分

5 10時50分

6 7時間45分

7 (1)(式) 1.4+0.8=2.2
　　（答え）2.2 km
　(2)(式) 2.2−1.9=0.3
　　　　0.3 km=300 m
　　（答え）道のりが 300 m 長い。

8 (式) 3 km−2 km 80 m=920 m
　　（答え）920 m

とき方

1 てんびんがつり合っているとき，左右の皿の重
さは等しいです。

2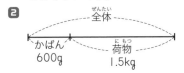

600 g=0.6 kg です。

3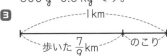

4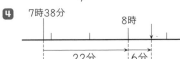

5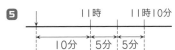

6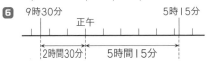

2 時間 30 分＋5 時間 15 分＝7 時間 45 分
また，午後 5 時 15 分を 17 時 15 分として，ひ
き算でもとめることもできます。
17 時 15 分−9 時 30 分
＝16 時 75 分−9 時 30 分
＝7 時間 45 分

7 (1) 800 m=0.8 km です。

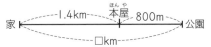

(2)道のりからきょりをひきます。

8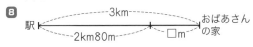

3 km−2 km 80 m
＝2 km 1000 m−2 km 80 m
＝920 m

---

14 ぼうグラフと表

ステップ**1**

64～65 ページ

1 (1) 1 人　(2) 10 人　(3)チョコレートケーキ
　(4) 2 人　(5) 32 人　(6) 3 倍

2 (1)
　　　　　　町べつ人数調べ(人)

町名＼組	1組	2組	3組	合計
東町	10	7	4	21
西町	9	5	8	22
南町	7	10	11	28
北町	5	8	9	22
合計	31	30	32	93

　(2) 9 人　(3) 30 人　(4) 3 組　(5) 21 人
　(6)南町　(7) 93 人

とき方

1 (1) 5 目もりで，5 人を表しています。
　(2)ショートケーキの目もりを数えます。
　(3)グラフがいちばん長いものをえらびます。
　(4)ロールケーキのほうがグラフが長いので，ロ
　　ールケーキの数からチーズケーキの数をひき
　　ます。

(5)すべての数をたします。

10+12+4+6=32（人）

(6)何倍かをもとめるので，わり算をします。

$$\underset{\substack{\text{チョコレートケーキ}\\\text{の人数}}}{12} \div \underset{\substack{\text{チーズケーキ}\\\text{の人数}}}{4} = \underset{\substack{\text{何倍}}}{3}$$

2 (1)表を，たて，横に見て，あいているところが
ただ1つだけの部分からうめていきます。

7+10+8=25, 30−25=5

町べつ人数調べ（人）

町名＼組	1組	2組	3組	合計
東町	10	7	4	21	← 10+7+4
西町	9	5	8	
南町	7	10	11	
北町	5	8	9	22	← 5+8+9
合計	31	30	32	

10+9+7+5　　　4+8+9=21, 32−21=11

⇓

町べつ人数調べ（人）

町名＼組	1組	2組	3組	合計
東町	10	7	4	21
西町	9	5	8	22	← 9+5+8
南町	7	10	11	28	← 7+10+11
北町	5	8	9	22
合計	31	30	32	93	← 31+30+32

(2)(1)で書いた数を見て答えます。

(3)2組の合計の数を答えます。

(4)それぞれの組の合計をくらべます。

(5)東町の合計を答えます。

(6)それぞれの町の合計をくらべます。

(7)1組と2組と3組の合計をたします。

ステップ2　　　　　　　　66～67ページ

1 (1)5まい

(2)　（まい）　シールの数

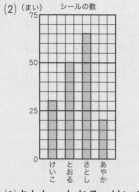

(3)さとし→とおる→けいこ→あやか

(4)　　　　　シールの数

名前	けいこ	とおる	さとし	あやか
数（まい）	30	50	65	20

(5)165まい

2 (1)　ア　（台）車の数（しゅるいべつ）

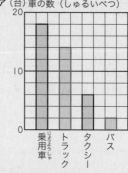

(2)　イ　車の数（しゅるいべつ）

しゅるい	数（台）
乗用車	18
トラック	14
タクシー	6
バス	2

(3)40台　(4)40　(5)10

とき方

1 (1)5目もりで，25まいを表しています。

(2)

(3)グラフが長いじゅんに名前を書きます。

(5)30+50+65+20=165（まい）

2 (1)5目もりで10台を表しているので，1目も
りは2台です。

表より，トラックは14台なので，14÷2=7
目もりです。バスは2台なので，1目もりで
す。

(2)乗用車は9目もりなので，2×9=18（台）で
す。

タクシーは3目もりなので，2×3=6（台）で
す。

(3)(2)でかんせいしたイの表からもとめます。

18+14+6+2=40（台）

(4)㋔にあてはまる数は，このちゅう車場に止ま
っている車の合計台数で，(3)でもとめたとお
り40です。

(5)12+8+5+3+2=30　40−30=10

15 円と球

❶ (1)中心
　(2)直径（ちょっけい）
　(3)半径
　(4) 6 cm
❷ (1) 8 cm
　(2) 4 cm
　(3) 4 cm
❸ イ
❹ 直径 10 cm　半径 5 cm
❺ 直径 18 cm　半径 9 cm
❻ イ

とき方

❶ (4)直径＝2×半径 です。
❷ 開いた図は右のようにな
ります。㋐は直径，㋑，
㋒は半径になります。

❸ 下の図のように，アとイに交ごにコンパスをあ
てて，アの長さをイに写（うつ）しとります。

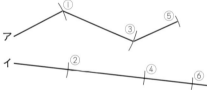

❹
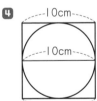

❺
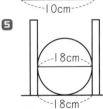

❻ 球をちょうど半分に切ったときの切り口は，球
の直径と同じ直径の円になります。
　ア，イ，ウでわかっているのは半径なので，直
径が 12 cm のものをえらびます。

---

❶ (1) 3 cm
　(2) 6 cm
　(3) 12 cm
❷ (1)ウ，オ
　(2)エ
　(3)カ
　(4)ウ
❸ たて 8 cm　横（よこ） 24 cm
❹ 5 cm
❺ 6 こ
❻ (1) 6 cm
　(2) 24 cm

とき方

❶ (1)アイは円の半径です。
　(2)イウは半径の 2 つ分です。
　(3)アエは半径の 4 つ分です。
❷ (1)アの点を中心とす
　る半径 2 cm の円
　の上にある点です。
　(2)右の図の円の内が
　わにある点です。

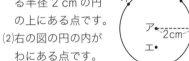

　(3)アイを半径とする
　円をかくと，カの
　点だけが円の外が
　わにあるので，カ
　がいちばんはなれ
　ています。

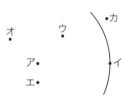

　(4)アを中心とする半径 2 cm の円と，イの点を
　中心とする半径 3 cm の円の交わる点です。
❸ 長方形のたての長さは円の半径の 2 つ分，横の
長さは円の半径の 6 つ分です。
❹ 正方形の 1 辺（べん）の長さは円の半径の 4 つ分だから，
20÷4＝5 (cm) ともとめます。
❺ 48 cm を 8 cm ずつ分けると，いくつ分になる
かを考えるので，わり算をします。
48÷8＝6 (こ)
❻ 上から見た図で考えます。
　(1)箱（はこ）のたての長さは，
　円の直径の 2 つ分
　だから，円の直径
　は，
　12÷2＝6 (cm)

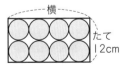

　(2)箱の横の長さは，円の直径の 4 つ分だから，
　6×4＝24 (cm)

16 三角形

ステップ1   72~73 ページ

1 ア，エ，カ，キ
2 (1) ○ (2) ○ (3) ○ (4) ×
3 エ→ウ→ア→イ
4 (1)二等辺三角形 (2)正三角形
5 (1)二等辺三角形 (2)ク (3)ケ，コ
6 (1)正三角形
(2)(れい) アイ，イウ，ウアはどれも円の半径なので，長さが同じです。三つの辺の長さが同じ三角形は正三角形なので，アイウの三角形は正三角形です。
(3) 18 cm

とき方

1

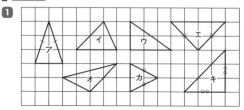

2 三角形の2つの辺の長さをあわせた長さがのこりの辺の長さと同じときや短い場合は，三角形をつくることができません。

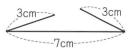

4 (1)

(2)

5 円の半径はどこも同じ長さであることから考えます。
(1)アイ，アウは円の半径です。

> **ここに注意** 2つの辺の長さが同じになっている三角形を二等辺三角形といいます。右の図でアイの辺とアウの辺の長さが同じになっています。また，角の大きさも，イの角とウの角が同じ大きさになっていま
>
>

す。
3つの辺の長さが同じ三角形を正三角形といいます。正三角形の3つの角は，みんな同じ大きさになっています。

6 (1)アイ，イウ，ウアは，どれも円の半径です。

ステップ2   74~75 ページ

1 (1)二等辺三角形
(2)二等辺三角形
(3)正三角形
2 (1) 8 cm
(2)(れい) 4 cm+6 cm=10 cm だから，のこりの1本は，10 cm より短くしなければならないから。
3 ア→ウ→イ
4 ⑦ 8 cm ④ 4 cm
5 (式) 27÷3=9 (答え) 9 cm
6 (式) 26−10−10=6 (答え) 6 cm
7 (1)名前 正三角形
　まわりの長さ 9 cm
(2)名前 正三角形
　まわりの長さ 18 cm

とき方

1 (1)(2)2つの辺の長さが同じ三角形です。
(3)3つの辺の長さが同じ三角形です。
2 4 cm+6 cm とのこりの竹ひごの長さをくらべて考えます。
3 ア，イ，ウにあわせた三角じょうぎの角は 45°です。その角より大きいか小さいかでくらべます。
4 ⑦は正三角形の1辺の長さ，④は正三角形の1辺の長さの半分の長さです。
5 正三角形なので，3つの辺の長さは同じです。
6 二等辺三角形なので，④の長さは 10 cm です。

7 (1)アイ，イウ，ウアは，どれも円の半径です。
1辺 3 cm の正三角形なので，まわりの長さは 3×3=9 (cm)
(2)エオ，オカ，カエは，どれも円の直径です。
1辺 6 cm の正三角形なので，まわりの長さは，6×3=18 (cm)

ステップ3
76~77 ページ

❶
点数（点）	10	5	0	合計
当てた数（こ）	2	0	3	5
とく点（点）	20	0	0	20

❷ (1)50人　(2)6年生の4月

❸ (1)4こ　(2)8箱

❹

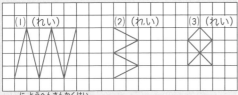

❺ (1)二等辺三角形
(2)(式) (6+4)+(6+4)+(4+4)=28
（答え）28 cm

とき方

❶ とく点＝点数×当てた数　です。

❷ (1)5目もりで，250人を表しています。
(2)いちばんグラフが長いものをえらびます。

❸ (1)たてには1こ，
横には，
20÷5=4 で，
4こ入ります。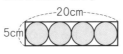
5cm　20cm
(2)1箱に4こずつ入るので，32このボールを
つめるには，箱は，32÷4=8(箱) いります。

❹ ㋐㋑㋒の形を写しとったものを使うとかんたん
です。

❺ アイの長さは，
6+4=10 (cm)
アウの長さは，
6+4=10 (cm)
イウの長さは，
4+4=8 (cm)
ア
6cm　6cm
4cm　4cm
イ 4cm 4cm ウ

17 いろいろな問題 ①

ステップ1
78~79 ページ

❶ (1)120×3=360
80×3=240
360+240=600　　（答え）600円
(2)(120×3)+(80×3)=600

(3) 120+80=200
200×3=600　　　（答え）600円
(4)(120+80)×3=600

❷ (1)98×4=392
68×4=272
392−272=120　　（答え）120円
(2)(98×4)−(68×4)=120
(3)98−68=30
30×4=120　　　（答え）120円
(4)(98−68)×4=120

❸ (1)(12+8)×6=120
(2)(43−23)×7=140
(3)(100×4)−(3×4)=388

とき方

❶ (1)
1つ分の ねだん	×	こ数	＝	代金

ここに注意　(1)と(3)の答えは同じです。計
算がかんたんなほうをえらぶとよいでしょう。

❸ 計算にはつぎのようなきまりがあります。
(○+□)×△=○×△+□×△
(○−□)×△=○×△−□×△

ステップ2
80~81 ページ

❶ (1)(式) (500×5)+(300×5)=4000
（答え）4000円
(2)(式) (500+300)×5=4000
（答え）4000円

❷ (1)(式) (200×3)−(180×3)=60
（答え）60円
(2)(式) (200−180)×3=60
（答え）60円

❸ (式) (3×7)+(2×7)=35　（答え）35 L
または，
(式) (3+2)×7=35　（答え）35 L

❹ (式) (15×4)−(10×4)=20
（答え）20 cm
または，
(式) (15−10)×4=20　（答え）20 cm

❺ (1)(式) (500×6)+(350×6)=5100
（答え）5100 mL
または，
(式) (500+350)×6=5100
（答え）5100 mL

(2)(式) (180×9)−(140×9)=360
(答え) 360円
または,
(式) (180−140)×9=360
(答え) 360円

とき方

❶ (1)おとな5人分…500×5
子ども5人分…300×5
あわせたりょう金…(500×5)+(300×5)
　　　　　　　　　　=2500+1500
　　　　　　　　　　=4000 (円)
(2)1組分のりょう金…500+300
5組分のりょう金…(500+300)×5
　　　　　　　　　=800×5=4000 (円)

❷ (1)チーズバーガーの代金…200×3
ハンバーガーの代金…180×3
代金のちがい…(200×3)−(180×3)
　　　　　　　=600−540=60 (円)
(2)1こ分のちがい…200−180
3こ分のちがい…(200−180)×3
　　　　　　　=20×3=60 (円)

❸ 大きいバケツ7回分…3×7
小さいバケツ7回分…2×7
あわせて…(3×7)+(2×7)=21+14
　　　　　　=35 (L)
べつのとき方
大と小1組分…3+2
7組分…(3+2)×7=5×7=35 (L)

❹ 15 cmの箱4こ分…15×4
10 cmの箱4こ分…10×4
ちがい…(15×4)−(10×4)=60−40
　　　　　=20
べつのとき方
1こ分のちがい…15−10
4こ分のちがい…(15−10)×4=5×4
　　　　　　=20

❺ ( )のある式では, ( )の中を先に計算します。

18 いろいろな問題 ②

ステップ1 　　　　　　　82〜83ページ

❶ (1)(左から)3, 31
(2)男子17人　女子14人
❷ (1)25　(2)5倍

---

(3)兄20こ　弟5こ
❸ (1)A 11　B 7
(2)A 24　B 4
❹ (1)◇

(2)(じゅんに)4, 4, ◇

(3)(じゅんに)4, 7, 3, ♡

とき方

❶ (2)線分図から, 31人から3人をひくと, 女子の人数の2倍になることがわかります。よって, 女子の人数は (31−3)÷2=14 (人), 男子の人数は, 14+3=17(人)
べつのとき方
線分図から, 女子を3人ふやすと全体の人数は男子の人数の2倍になることがわかります。よって, 男子の人数は, (31+3)÷2=17(人), 女子の人数は 17−3=14 (人)

❷ (3)線分図から, 25こは弟の持っているあめの数の5倍にあたるので, 弟の持っているあめの数は 25÷5=5 (こ)
兄の持っているあめの数は 5×4=20 (こ)

> **ここに注意** 兄と弟のあめの数の和は弟のあめの数の(4+1)倍にあたるので, 弟の持っているあめの数は, 25÷(4+1)を計算してもとめることができます。

❸ (1)B…(18−4)÷2=7, A…7+4=11
(2)28はBの 6+1=7(倍) にあたるので,
B…28÷7=4　A…4×6=24

❹ (1)形の下に数字を書いて考えます。

　　♠　♣　♡　◇
　　1　2　3　4
　　5　6　7　8
　　9 10 11 12
　13 14 15 16

(2)上の図から, 4でわり切れる数は◇の形であることがわかります。

(3)(1)の図から, 4でわったときのあまりが1のときは♠, あまりが2のときは♣, あまりが3のときは♡です。

ステップ2 　　　　　　　84〜85ページ

❶ 兄29まい　弟21まい
❷ 横27m　たて13m
❸ 母36才　姉12才

④ 男の子21人　女の子9人
⑤ (1)(れい)○○○●がくり返しならんでい
る。
(2)白
(3)黒
(4)白15こ　黒5こ
(5)40こ

とき方

❶ 弟のまい数は，(50−8)÷2=21 (まい)
兄のまい数は，弟より8まい多いから，
21+8=29 (まい)

❷ まわりの長さが80mだから，たてと横の長さ
の和は，80÷2=40(m)
たての長さは，(40−14)÷2=13(m)
横の長さは，たてより14m長いから，
13+14=27(m)

❸ 48才は姉の年れいの 3+1=4 (倍) にあたるの
で，
姉の年れいは 48÷4=12(才)
母の年れいは 12×3=36(才)

❹ 線分図をかくとつぎの図のようになります。

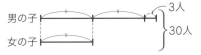

30−3=27 (人) は女の子の人数の 2+1=3
(倍) にあたるので，女の子の人数は
27÷3=9 (人)，男の子の人数は
30−9=21 (人)

❺ (1)○○○●○○○●○○○●
　　1 2 3 4 5 6 7 8 9 10 11 12
(3)16÷4=4　16は4でわり切れます。
4でわり切れる数のご石は●です。
(4)20÷4=5
○○○●のまとまりが5つならぶので，●
は5こ，○は●の3倍で15こです。
(5)黒いご石の10こ目だから，○○○●のま
とまりが10ならびました。だから，ご石は
全部で，4×10=40(こ)

19 いろいろな問題 ③

ステップ1　　　　86〜87ページ

❶ (1)4つ
(2)(式) 2×4=8　(答え) 8m

---

❷ (1)(式) 10÷2=5　(答え) 5つ
(2)(式) 5+1=6　(答え) 6本
❸ (1)8つ
(2)(式) 10×8=80　(答え) 80m
❹ (1)(式) 100÷10=10　(答え) 10
(2)10本
❺ (1)(式) 10÷2=5　(答え) 5本
(2)(式) 5−1=4　(答え) 4回

とき方

❶ (2)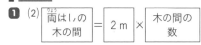

❷ (2)両はしにもはたを立てるので，
はたの数=間の数+1 となります。

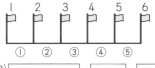

❸ (2)

❹ 円形に植えるので，木の数=間の数 となります。

❺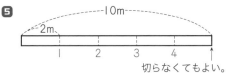
切らなくてもよい。

ステップ2　　　　88〜89ページ

❶ (式) 6−1=5　8×5=40　(答え) 40m
❷ (1)(式) 7−1=6　3×6=18　(答え) 18m
(2)(式) 3×7=21　(答え) 21m
❸ (式) 10×12=120　(答え) 120m
❹ (式) 42÷7=6　(答え) 6本
❺ (式) 16÷2=8　8−1=7　(答え) 7回
❻ (式) 4+1=5　40÷5=8　(答え) 8m
❼ (式) 8−1=7　5×7=35　(答え) 35秒
❽ (式) 90÷10=9　9−1=8　(答え) 8回

とき方

❶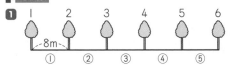
間の数=木の数−1 なので，5つです。
8mの5つ分の長さをもとめます。

❷ (1)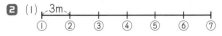

(2)

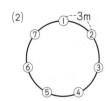

3 円形なので,
間の数＝電とうの数
です。10 m の 12 こ
分の長さをもとめます。

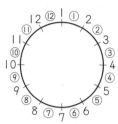

4 42 m は 7 m の 6 つ分なので, 間の数は 6 です。
円形にならぶので, くいの数＝間の数 です。

5

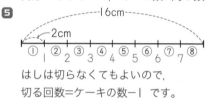

はしは切らなくてもよいので,
切る回数＝ケーキの数－1 です。

6

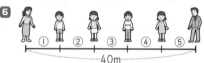

間に 4 人立つと, 人と人の間の数は, 5 つにな
ります。40 m を 5 等分した長さをもとめます。

7 時間も長さと同じように数直線上にとって考え
ることができます。

間の数は 7 つになるので, 5 秒の 7 つ分の時間
をもとめます。

8

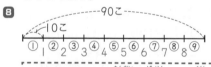

┌─────────────────────────────┐
│ **ここに注意** 問題の場面を図に表すと, わ │
│ かりやすくなります。 │
└─────────────────────────────┘

17～19
ステップ**3**
90～91 ページ

1 (1)(式) (70＋130)×3＝600
(答え) 600 円
(2)(式) (130×3)－(70×3)＝180
(答え) 180 円

2 (式) 10－1＝9　30×9＝270
(答え) 270 m

3 (式) 80÷8＝10　10＋1＝11
(答え) 11 本

4 (1)(式) 24×8＝192
(答え) 192 m
(2)(式) 2×8＝16
(答え) 16 本

5 (1)上から 3 だん目の左から 8 こ目
(2)上から 7 だん目の左から 2 こ目
(3) 35

とき方

1 (1)(70＋130)×3＝200×3＝600
　　1 組のねだん　組の数
(2)(130×3)－(70×3)＝390－210＝180
　ボールペン　　　えん筆の
　の代金　　　　　代金

2

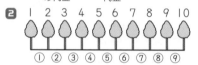

間の数は 9 つです。30 m の 9 つ分の長さをも
とめます。

3

80 m を 8 m ずつ分けると, 10 等分されます。
間の数が 10 だから, 電柱は 10＋1＝11 (本)

4 (1)円形に 8 本ならべると, 間の数は 8 つになり
ます。24 m の 8 つ分の長さをもとめます。
(2)さくらとさくらの間の
数は 8 つあります。そ
こにいちょうを 2 本ず
つ植えるので, 2×8
でもとめられます。

5 (1)24÷8＝3
(2)50÷8＝6 あまり 2
8 こずつ 6 だんならび, 次のだんに 2 こなら
びます。
(3)8 こずつ 4 だんならび, 5 だん目に 3 こなら
ぶので, 8×4＝32　32＋3＝35

1 100890 人

2 (式) 5000−2698=2302
（答え）2302 円

3 (式) 205×54=11070
（答え）11070 円

4 (式) 54÷9=6　（答え）6 こ

5 (式) 60÷7=8 あまり 4
（答え）8 人に配れて，4 こあまる。

6 (式) 32÷8=4　（答え）4 倍

7 $\frac{1}{3}$ m

8 (式) $1-\frac{2}{9}-\frac{3}{9}=\frac{4}{9}$　（答え）$\frac{4}{9}$ m

9 ⑴(式) 3+2.3=5.3
（答え）5.3 L
⑵(式) 3−2.3=0.7
（答え）メロンジュースが 0.7 L 多い。

とき方

1 表で考えるとかんたんです。

十万	万	千	百	十	一
1	0	0	8	9	0

2
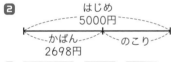

3

| 1つ分の
ねだん | × | こ数 | = | 代金 |

4 全部の数 ÷ 人数 = 1人分の数

5 全部の数 ÷ 1人分の数 = 人数 … あまり

6
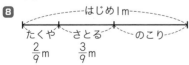

何倍かをもとめる計算は，わり算です。

7 正三角形だから，3 つの辺の長さは同じです。
1 辺の長さは 1 m を 3 等分した 1 つ分になります。

8
はじめ1m
たくや $\frac{2}{9}$m　さとる $\frac{3}{9}$m　のこり

9 ⑴「あわせて」なので，たし算になります。
⑵「ちがい」なので，ひき算になります。

1 ⑴ 1000　⑵ 100　⑶ 10　⑷ 10
⑸ 1000　⑹ 100　⑺ 1000　⑻ 1000
⑼ 60　⑽ 60

2 ⑴(式) 2 km+2 km 400 m=4 km 400 m
（答え）4 km 400 m
⑵(式) 4 km 400 m−3 km 500 m
=900 m
（答え）900 m

3 (式) 15×48=720
300 g+720 g=1 kg 20 g
（答え）1 kg 20 g

4 1 時間 35 分

5 半径 9 cm　横の長さ 54 cm

6 ⑴ 50 m　⑵ 400 m

7 (式) 4×3×2=24
（答え）24 L

8 (式) 20×4=80　80÷8=10
（答え）10 人

9 (式) 80×6=480　60×8=480
480+480=960
（答え）960 円

10 (式) 20+20−38=2
（答え）2 cm

とき方

1 たんいのかん係をしっかりおぼえましょう。
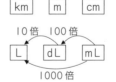
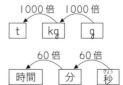

2 ⑴道のりは，道にそってはかります。

3 先にボールペン全部の重さをもとめておきます。

4

27

5 長方形のたての長さ
は円の半径の４つ分
だから，半径は，
36÷4=9 (cm)
横の長さは，半径の
６つ分だから，
9×6=54 (cm)

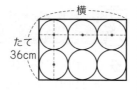
横
たて
36cm

6 (1) 10目もりで，500 m を表しています。

7 (考え方 1) 中のバケツのかさをもとめてから大
のバケツのかさをもとめます。
中のバケツ…4×3=12 (L)
大のバケツ…12×2=24 (L)
(考え方 2) 大のバケツが小のバケツの何倍か考
えてもとめます。

3倍　2倍
小━━→中━━→大
4 L　　6倍　　4×6 = 24 (L)

8

| １たばの まい数 | × | たばの数 | = | 色紙の数 |

| 色紙の数 | ÷ | １人分の数 | = | 人数 |

9

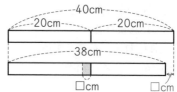
| １こ分のねだん | × | こ数 | = | 代金 |

りんごの代金とみかんの代金をそれぞれもとめ
てから，たし算をします。

10 重ねた長さだけ，全体の長さが短くなります。

40cm
20cm　20cm
38cm
□cm　□cm

重ねた部分の長さを□ cm として，□を使った
式に表してもよいです。
40-□=38　□=40-38=2